防灾减灾/灾后重建与扶贫开发机制模式研究丛书

丛书主编　王国良

灾后贫困村恢复重建多部门合作的探索
——基于“汶川地震灾后重建暨灾害风险管理计划”项目实践的总结

黄承伟　杨　方　主编

中国财政经济出版社

图书在版编目（CIP）数据

灾后贫困村恢复重建多部门合作的探索：基于“汶川地震灾后重建暨灾害风险管理计划”项目实践的总结/黄承伟，杨方主编．—北京：中国财政经济出版社，2012.4

（防灾减灾、灾后重建与扶贫开发机制模式研究丛书/王国良主编）

ISBN 978-7-5095-3515-8

Ⅰ.①灾… Ⅱ.①黄… ②杨… Ⅲ.①地震灾害-农村-不发达地区-灾区-重建-研究-汶川县 Ⅳ.①TU982.297.14

中国版本图书馆CIP数据核字（2012）第054527号

责任编辑：刘景梅　　责任校对：徐艳丽

封面设计：汪俊宇　　版式设计：兰　波

中国财政经济出版社 出版

URL：http：//www.cfeph.cn

E-mail：cfeph@cfeph.cn

社址：北京市海淀区阜成路甲28号　邮政编码：100142

营销中心电话：88190406　北京财经书店电话：64033436　84041336

北京财经印刷厂印刷　各地新华书店经销

787×1092毫米　16开　14.25印张　225 000字

2012年8月第1版　2012年8月北京第1次印刷

定价：30.00元

ISBN 978-7-5095-3515-8/F·2968

（图书出现印装问题，本社负责调换）

本社质量投诉电话：010-88190744

防灾减灾/灾后重建与扶贫开发机制模式研究丛书

目录

第一章

汶川地震贫困村灾后重建中多部门合作机制研究

灾后恢复重建是一项极其复杂而又综合性的工程，涉及不同的部门，从恢复重建规划的制定、实施、监督检查和评估反馈等各个环节，都需要涉及和参与灾后恢复重建的各部门的密切沟通与合作。在条块分割、部门分立的科层制社会中，建立灾后恢复重建的协作机制显得尤为重要。

“5·12”汶川地震给灾区贫困村造成了巨大损失，贫困村的灾后恢复重建与一般灾区相比较又有其特殊性，贫困村在灾后贫困面急剧扩大、贫困程度进一步加深、资源环境更加脆弱、扶贫开发进程延缓、恢复重建难度极大。贫困村需要扶贫部门等各级各类机构和部门遵循扶贫开发规律，指导和开展灾后恢复重建工作。

多部门协作是我国政府扶贫开发工作坚持的一项基本原则，也是搞好贫困村灾后重建的重要保障。在灾区贫困村恢复重建工作中，各地在多部门协作方面做了大量探索和创新，认真总结其中的经验和做法，深入分析灾后恢复重建中多部门合作机制建设中的各种影响因素，对于中国乃至世界的贫困地区灾后恢复重建工作都有重要的理论意义和实践价值。

为了深入总结贫困村灾后恢复重建工作在多部门协作方面的经验，国务院扶贫办贫困村灾后恢复重建工作办公室与四川、陕西、甘肃三省扶贫办合作开展了“多部门合作机制专题研究”项目。本项目运用了理论研究、实地调研、评估分析等研究方法，由三省分别在本省选择典型案例加以调查研究。

项目启动后，各省制定了实施方案，组建调研队伍，并初步做了文献资料的收集，然后开展实地考察调研。其中，四川省主要调研了三台县的情况，陕西省调研了宁强、略阳、勉县和陈仓区4个重灾县区的贫困村灾后恢复重建情况，甘肃省主要调研了甘肃省武都区汉林乡唐坪村的情况。调研结束后，完成各省多部门协作专题研究三个分报告。本总报告是在三省调查分报告的基础上撰写的。

一、灾后恢复重建中多部门合作的意义

自然灾害特别是重大自然灾害，往往会造成经济社会全方位的破坏和损失（包括人员伤亡、经济损失、社会功能瘫痪、生态环境破坏等），灾后也会有各种力量和资源投入救灾行动，涉及部门繁杂，包括政府各级各类部门，企业、社会组织和志愿者等等，救灾与灾后恢复重建是一项复杂的系统工程，只有建立和完善以政府主导、部门协作、社会参与的减灾与灾后恢复重建体制和相应的运行机制，才能最大限度地减轻灾害，尽快和有效地实现灾区的恢复重建工作。尤其是多部门协作机制的建立和运行，对搞好灾后恢复重建工作有着极其重要的作用。

（一）灾后恢复重建中多部门合作的必要性及意义

灾害是给人类社会带来生命和财产损失的自然变异现象和特殊社会行

为，具有自然和社会双重属性。灾后恢复重建是一项极其复杂而又综合性的工程，涉及不同的部门，从恢复重建规划的制定、实施、监督检查和评估反馈等各个环节，都需要涉及和参与灾后恢复重建的各部门间的密切沟通与合作，以及资源的有效整合。在灾后恢复重建中，物质等经济层面的救援成为救援者关注的主要方面，实际上，对灾害处理的能力很大程度上取决于社会体系是否能够有效组织起来，积极应对灾害带来的破坏和困难，迅速恢复正常的生产生活，并从过去的灾害中吸取经验，为将来更好地预防以及改善降低风险的措施，从而增强自身能力。因此，在灾后恢复重建中，社会关系的恢复与建设是一个重要方面。良好的社会关系不仅是经济资本、人力资本发展和发挥作用的基础，是经济社会可持续发展的保证，而且其本身也是目的。从国际许多实践情况看，在减灾防灾和灾后恢复重建中对社会关系层面因素的忽视，受灾主体的自主性、能动性和可持续发展能力的培育受到忽视，往往使得巨大的物力、财力和人力的投入难以充分发挥预期效果。

现代社会政府部门的科层制安排，使得每个部门都要执行特定的任务，这些任务都服务于组织目标，而部门间由于缺乏沟通会导致相逆的情况出现。政府部门“条”（指由中央直属部委自上到下的指挥体制）、“块”（指以地方行政当局统管的某一区域全部的行政行为）分割的管理体制，使得整个国家和社会被人为地分割成不同的领域和部门。在这种条块分割、部门分立的科层制社会中，建立灾后恢复重建的协作机制显得尤为重要。

在计划经济体制下，我国由于政府掌握着所有的社会资源，管理着所有社会单位。人员的调动、物资的分配、经费的划拨、信息的交流，无不是由政府全面掌控。在灾害危机管理方面，只要政府一声号令，各个部门、各条战线、各个地区、各个单位，以至每个成员，都能紧急行动起来，全面投入到抗灾救灾的活动之中。尽管当时的灾变危机管理水平不能说很高，但至少所有成员都能“召之即来，来之能战，战之能胜”。但是在现在的市场经济条件下，社会的急剧转型，尤其是政企的分离，单位制的逐步解体，已使政府掌握的社会资源不像以前那样占有绝对比重，而“体制外人员”的出现，在很大程度上增加了我国应对灾变危机的困难。在这种情况下，没有全社会的积极参与和大力支持，仅靠政府的力量完满地解决危机是不可能的。因此，如何审时度势，积极权变，有效建构灾变危机管理的社会协同机制，切实加强灾变危机的社会协同管理，便成为我国灾变危机管理的最为重要的现实需要。①

在灾后恢复重建的全过程中，为了切实、尽快和有效解决灾区各项民生问题，必须打破部门分割、职能分散、社会参与不足的状况，必须将政府的发展改革、财政、民政、人力资源、环境与卫生、住房、教育、社会保障等各个部门作为一个整体，设计以一个部门牵头为主、有关部门配合的工作平台，建立管理有序、资源共享的管理体制。

通过建立有效的灾后恢复重建中多部门合作的机制，各部门相互协调、相互协作，共同研究制定和落实灾区灾后恢复重建规划，有助于形成强大的灾后恢复重建合力，有助于有效整合政策、资金、人力和信息等资源，为灾后恢复重建工作提供强有力的保障。

（二）建立灾后恢复重建中多部门合作机制的主要任务

在灾后恢复重建过程中，各部门之间应站位全局，摒弃部门的狭隘观念，以灾区民生为上，相互协调、相互配合，加强政策联动和整合资源。只有统筹协调好各相关部门的力量，各部门紧密团结，形成协同推进灾后恢复重建工作的运作机制，才能充分调动一切积极因素，努力形成灾后恢复重建的强大力量。

在灾后恢复重建中，要通过恢复重建项目运作等途径与方式，建立组织各方积极参与、整合各方资源的开放平台，在项目的规划决策、组织实施、检查评估等各个阶段，让各方主体充分参与。

建立和完善灾后恢复重建多部门协作机制的工作重点，应当放在理顺各个部门间的工作关系，明确各部门职责任务。重点要处理好政府部门间的协作，政府、市场、社会三大部门之间的合作，以及国际间的合作等几个方面。

1. 政府部门间的协作

在我国的体制下，重大灾害的救援与恢复重建工作，政府各个部门、各个系统都有各自的重要任务，在条块分割、资源分散的条件下，政府部门之间的相互掣肘，是影响灾后恢复重建效果的重要障碍因素。因此，建立政府部门间的协调机制，注重资源整合，形成部门间合力，共同解决灾区民生问

---

① 参见谢俊贵："灾变危机社会协同管理基本问题探析"，中国社会学网 http：//www.sociology.cass.cn/shxw/shaq/t20090619_ 22247.htm.

题，就显得十分迫切。政府部门间的协作，重点包括政策协调、资金整合、人力资源配置等方面。有必要通过建立政策和制度化的措施形成部门间协作的考核与激励机制。要根据灾后恢复重建项目的特点，建立以某个部门为主导的多部门协作机制。例如，贫困村灾后恢复重建工作，建立由扶贫开发部门为主导、其他各部门分工协作的运作机制。

2. 政府、市场、社会三大部门之间的合作

传统的社会治理，采用的是行政机制，政府是唯一的治理主体。在市场经济条件下，利益主体日益多元化，采用单一的行政机制已无法满足当前社会建设的需要。因此，必须通过建立社会公共治理机制，让社会方方面面力量，让社会各种利益主体都参与到社会事务的管理与决策中来，充分发挥各种社会组织、企业组织以及群众的力量，形成社会化的治理格局。党的十六届六中全会也提出，必须创新社会管理体制，整合社会管理资源，提高社会管理水平，健全党委领导、政府负责、社会协同、公众参与的社会管理格局。

同样，在灾后恢复重建工作中，也要注重形成政府、市场、社会的合力，通过政府、企业和社会组织的互联、互补、互动、有效衔接、共同推动来实现灾后恢复重建的艰巨任务。

在重大自然灾害发生后，由于经济社会遭受重大破坏，市场正常运行的基本条件已不具备，因此必须由政府发挥资源配置的主导作用。但是政府可以通过政策优惠、项目招标等方式，充分发挥市场组织在灾后恢复重建中的作用，以提高资源配置效率。

非政府组织是社会协调机制和社会自治功能的重要组成部分，也是灾后恢复重建中不可忽视的重要力量。通过要大力培育和充分发挥社会组织在灾后恢复重建中的作用，一方面能够使政府的灾后重建工作得到广大社会组织的支持和配合，并通过社会组织的力量吸引广大群众参与进来，从而大大提高政府灾后重建工作的效率和质量；另一方面，也能够使社会组织参与灾后恢复重建得到政府更直接的支持、指导和帮助。

各部门灾后恢复重建的政策、规划等各项工作最终都要落实到灾区，落实到受灾人群，因此，受灾社区和受灾群众的主体参与必不可缺。在贫困村的整个灾后恢复重建与扶贫开发中，贫困村及其成员的主体参与就处于连接外部发展机制和贫困村内部发展系统枢纽地位。贫困村社区、社区组织、社

区企业，以及社区成员充分参与社区的灾后恢复重建与扶贫开发过程的各个环节，是社区借助外力援助活动可持续发展动力的关键环节。

3. 国际合作

1987 年 12 月，第 42 届联合国大会通过决议，决定把从 1990 年开始的 20 世纪最后 10 年定为“国际减轻自然灾害 10 年”。此后，每年 10 月的第二个星期三被定为国际减灾日。

在当今世界，灾害问题的全球化特征日益明显，灾害事件越来越广泛地具有国际性色彩。防灾减灾和灾后恢复重建中的全球范围的合作的重要性也日益凸显。无论是从人道主义与共同发展的主题出发，还是从灾害属性的国际化与灾害事件及其影响的国际化出发，都决定了减轻灾害需要全球合作。

除了政府间合作，还要高度重视国际组织尤其是非政府组织之间的合作，因为非政府组织正在成为资源丰厚、技术先进的重要减灾救灾力量。在防灾减灾和灾后恢复重建中的国际合作，不仅是资金援助，更重要的是在思路、经验、技术、信息等方面的分享。通过国际合作，可以将国际成功的经验本土化，同时总结新的经验，促进中国经验对全球的贡献。

二、灾后恢复重建中多部门协作的相关理论

在防灾救灾和灾后恢复重建过程中，如何有效组织各部门的协同行动、发挥各方面的合力，如何有效帮助受灾群体的社区和社会网络的自我组织能力，如何通过有效沟通和制度建设，协调各方的关系，提高公开、公平度和社会满意度，从而增强人们防灾减灾和恢复重建的可持续发展能力，这些方面的问题有着重要的理论意义，也对灾后恢复重建实践有着重要的影响。科层制理论、内源发展理论、参与式发展理论和社会资本理论等，都对探讨这些问题有着重要的借鉴意义。

（一）科层制理论

科层制是一种以正式规则为主体的管理方式，是现代社会组织管理的典型方式。科层制的主要特征是：明确的分工；有明确规定的职权等级；稳定明确的规章制度体系；私人关系和公务关系的分离；量才用人；管理权力依

附于职位，而不依附于个人。

正如马克斯·韦伯所分析的，科层制的常规化、中央集权的等级结构、非人格化的正式规章制度和自上而下的行政管理体制等特征，是组织效率的重要保障。科层制方式的优点在于分工清楚，责任明确，任人唯才，能够提高工作效率，保证组织活动的开展，科层制是人类社会一种典型的协作体系。科层结构的主要目的是为了提高组织效率，因此，现代社会组织多采用科层制的管理方式。

但是，科层制也存在许多不足，即忽视人的主动性，只强调照章办事，缺乏灵活性和应变性，容易导致官僚主义，可能会使工作僵化，高度正式的结构可能会窒息主动性和创造性。科层制内的每个部门都要执行特定的任务，这些任务都服务于组织目标。然而，有时部门间由于缺乏沟通会分别致力于相逆的工作目标。

现代社会科层制组织的高度分工、分化和复杂化，体制和功能的不协调，造成了协调与整合的困难，形成了各种各样的条块分割和壁垒，造成了地区之间、行业之间、部门之间的利益协调和资源整合的困难，社会资本缺乏，从而形成对经济社会发展的制约。如何促进社会主体之间的交往与沟通，建立整合机制，发挥主体能动性和创造性成为重要任务。

在改革开放以来，我国各级政府在农村的经济技术部门（包括生产技术、商业、金融等系列在内），形成追求多种目标（从完成上级下达任务、扩大商业性服务直到获得本单位奖金）的复杂动力结构，从而造就了“半市场化”的农户生产服务体系，无法形成对农户给予有效激励的“环境”。这些“营利的官僚部门”在计划、市场双轨轨长期并存的渐进改革过程中“硬化”成为“反市场的既得利益”。①

涉农部门在计划经济时代，抽取农业剩余以支持工业化，并逐步形成其部门利益；市场化改革使涉农部门利益膨胀和复杂化，形成各自利益为先的部门分立体制。涉农部门的“部门分立体制”导致诸多问题：国家扶持资金多数被耗费在农业行政事业单位的运转，部分直接被化为部门内部福利；国家扶持资金重复在部门间提供，利用效率低；部门凭借行政权力搞垄断，相互之间无序竞争；部门提供的公益性服务不能有效提供，商业性服务因缺乏

---

① 周其仁：《农民、市场与制度创新——包产到户后农村发展面临的深层改革》，社会科学文献出版社 2002 年版。

充分竞争而质次或价高。在“部门分立体制”下，部门间合作的难度很大。地方不同部门之间也会找到或搭建短期的共同利益平台，有的时候是在地方贯彻上级中心任务搭建的部门合作平台，有的是共同创造出某种共同利益平台。这种共同利益是短暂的，必须双赢，如果一旦一方的收益小于其投入，这种部门合作机制即告瓦解。①

在应对灾变危机和灾后恢复重建过程中，必须有政府各部门的共同参与和统筹协调，必须在党和政府的领导下，通过建立协调机制来解决跨部门的协调问题，通过联席会议、指挥部、应急预案等机制，建立起灾后恢复重建工作平台。贫困村的灾后恢复重建，可以建立由扶贫开发部门牵头、各部门协同参与，以农村社区为工作平台的灾后恢复重建与扶贫开发相结合的机制，以打破条块分割、资源分散的局面。

（二）内源发展理论

在以往的发展观和发展道路的选择上，发展中国家往往以西方的成就为蓝本，复制西方的道路，传统发展理论在第三世界发展实践中所引发的诸多复杂社会、经济问题。联合国教科文组织在 1977～1982 年中期规划中提出“内源发展”这一政策概念。该规划目标之一是研究符合不同社会实际和需要的内源与多样化的发展过程，它的社会文化条件、价值系统、居民参与这种发展的动机与方式。内源发展的首要含义是“尊重文化的同一性和各国人民享有自己文化的权利”“人类既是发展的动力又是发展的目的”，内源发展的基本要求是“发展是从内部产生的”“发展应该是为人服务的”。② 世界银行、联合国教科文等组织以“发展即文化，文化即发展”的新观念，在全球范围内有计划地实施了一系列内源或内生性发展项目。

“以文化引导发展”的核心在于强调发展的“内源”性或内生、自生性：强调人是发展的目的和动力；强调发展的“地方”介入，认识发展代理者应由指令性的外来专家向擅长于地方知识的专家和能人转变；宣称“地方”是发展介入的核心，发展代理者应由指令性的外来专家向擅长于地方知

① 仝志辉：“论我国农村社会化服务体系的‘部门化’”，《山东社会科学》2007 年第 7 期；“‘部门分立体制’下涉农部门合作的空间”，《中国乡村研究》2008 年第 6 辑；“部门利益与地方政治”，《文化纵横》2009 年第 6 期。

② 联合国教科文组织编：《内源发展战略》，社会科学文献出版社 1988 年版。

识的专家和能人转变；强调文化作为资本和产业的发展。“以文化引导发展”的发展观念的贯彻实施必须有相应的操作方法上的保障。如世界银行所倡导的项目前做好评估、注重当地人的发展自主权和文化传统、制定特殊政策以增强弱势群体的发展能力等方法都很有借鉴意义。就我国的西部民族贫困地区而言，建立和完善当地人参与发展的机制，推动民族文化的资本化，针对特困群体、少数民族群体、妇女或女童、特殊群体的特殊的发展政策等方面都很有重要意义。①

内源发展的目的是激发内在动力和活力，通过激发群众权利意识灌输自主发展理念，形成知情、参与、获益的制度安排，通过内部活力的激发和能力培育，形成社区可持续发展的机制。对受灾贫困村而言，通过灾后重建与扶贫开发相结合，在外部干预的基础上，以培育贫困村内源发展作为可持续发展的动力，实现贫困村灾后发展原动力从外部物质支持向内部发展能力推动的转换。

（三）参与式发展理论

作为对以现代化理论为代表的传统发展理论的反思与批判，20 世纪 60 年代末期逐步形成了参与式发展理论，成为发展领域中一种创新性的理论和实践方式。与现代化理论相比，参与式发展理论是一种微观发展理论，强调尊重差异、平等协商，强调在“外来者”的协助下，通过社区成员的积极、主动的广泛参与，实现社区的可持续的、有效益的发展，使社区成员能够共享发展的成果，能力建设是参与式项目中的一项主要内容，也是参与式项目能否成功的关键。参与式发展的基本原则是建立伙伴关系；尊重乡土知识和群众的技术、技能；重视项目过程，而不仅仅看重结果。

参与式发展理论特别重视当地居民的乡土知识和已有技术、技能。参与式的过程和方式提供了一个场所和机会，使得各方不断地进行谈判并在发展干预的各个方面和各个环节达成妥协与共识，这是达成有效率的并使目标群体收益的发展干预的前提。②

---

① 周大鸣：《寻求内源发展：中国西部的民族与文化》，中山大学出版社 2006 年版；周大鸣、秦红增：“文化引导发展：以中国西部内源发展项目为例”，《广西民族大学学报》（哲社版）2006 年第 5 期。

② 李小云：《参与式发展概论》，中国农业出版社 2001 年版。

世界银行等组织在20世纪90年代以来倡导的参与式发展理论，使得内源发展理论更具有操作性。[①] 参与式发展中最重要的工具——参与式农村评估（Participatory Rural Appraisal，PRA）在20世纪90年代发展起来，并迅速成为被广泛运用的农村社会调查研究与工作方法。这一方法强调受援助者的地方性知识和创造性，外来者的作用仅仅是协助；强调鼓励弱势群体表达自己的需求和想法，从而快速了解社区的发展问题；这一方法也强调行为和态度是达到和保持与当地人友好关系的基础和重要保证，强调要和当地人生活在一起，从他们的角度去理解和处理问题。

参与式发展概念与理论在20世纪80年代末期开始引入中国，并逐步被广泛运用到各种发展项目中。世界银行、联合国开发计划署等组织在我国所资助的参与式发展项目的领域正逐步扩大，从农业、林业发展到农村能源、卫生保健、妇女、供水、教育等领域，从纯粹的自然保护拓展到生产和保护相结合，从单目标扩展到综合发展，从农村发展项目向小城镇发展项目扩展。[②] 参与式村级扶贫规划作为一项重要技术手段，也成为我国新世纪扶贫工作重点之一的整村推进工作的工作方式，在我国的扶贫系统产生了深远的影响。[③]

参与式发展模式尽管在理论上突破了传统发展模式的许多弊端，并通过一套规范的话语体系使其具备了科学的属性，但是由于发展干预中的权力、制度和文化等多方面因素的复杂作用，参与式发展干预在现实中很难实现理想的充分参与和赋权状态。[④] 在国际发展实践中，参与在大多数情况下被当成是出席的代名词。参与式扶贫在我国扶贫实践过程中，也往往由于其与本土实际结合不够，参与式发展强调对弱势群体赋权、平等参与和提高发展干预效率，但实际上，许多参与式发展扶贫项目往往偏离了以上三个目标，存在形式化、教条化、片面化的情况。[⑤] 因此，要真正实现参与式发展，不仅

---

① 周大鸣、秦红增："文化引导发展：以中国西部内源发展项目为例"，《广西民族大学学报》（哲社版）2006年第5期。

② 周大鸣、秦红增："参与发展：当代人类学对'他者'的关怀"，《民族研究》2003年第5期。

③ 李小云等："参与式村级扶贫规划系统的开发与运用"，《林业经济》2007年第1期。

④ 毛绵逵、李小云等："参与式发展：科学还是神化?"，《南京工业大学学报》（社会科学版）2010年第2期。

⑤ 明亮："参与式发展的中国困境"，《乐山师范学院学报》2009年第9期。

需要发展项目的参与者之间建立起相互尊重、平等合作的伙伴关系，而且需要从政治、经济、文化、法制等多重角度进行相应的制度建设与机制创新。[①]社区发展的主动性在于村民的自觉参与和主动参与，并非是来自外部的“强制参与”，这种“自觉参与”需要从社区文化整体性上去考虑，是需要一个长期的适应过程。[②]

贫困村的灾后恢复重建与扶贫开发，其重点应该放在社区可持续发展能力的培育上，在灾后恢复重建与扶贫开发的各个阶段，包括规划制定、组织实施、监督检查等环节，都要让民众充分参与进来。所有项目的立项与实施，都要以社区需求为出发点。农户技能培训项目，培训的内容、方式、时间安排，都要建立在农户需求的基础上。通过项目实施群过程的参与，培育贫困村社区成员的参与意识和参与能力。

（四）社会资本理论

在世界银行等组织对发展中国家的援助项目中，“参与”是一个很重要的概念，但从20世纪90年代开始，“社会资本”代替了“参与”，开始越来越多地出现在国际组织的文献中。1997年世界银行在《拓展财富衡量》报告中专辟了“社会资本”一章，随后又专门成立了研究社会资本的机构，集中国际学者对社会资本与世界政治、经济的发展以及相关政策进行研究，他们关注“社会资本的特殊资源”，如家庭、社区、公民社会、公共领域、种族和性别等，社会资本研究的话题越来越宽泛，如犯罪与暴力、经济与贸易、教育、环境、金融、贸易与移民、健康、营养与人口、卫生、信息技术、贫困与经济发展、农村与城市发展、供水与卫生系统等。[③]《社会资本——一个多角度的观点》一书，就是世界银行组织的讨论会的成果，收录了当今著名社会学家、经济学家关于社会资本研究的成果，既有社会资本理论在概念和方法的突破，也有在不同国家/地区发展过程中应用社会资本成功或失败的经验展示。

---

① 张晨、李天祥等：“‘参与式发展’研究综述”，《农村经济与科技》2010年第5期。

② 郭占锋：“走出参与式发展的‘表象’——发展人类学视角下的国际发展项目”，《开放时代》2010年第1期。

③ Ben Fine, 2001, *Social capital versus social theory: political economy and social science at the turn of the millennium*, *London*; New York: Routledge, p156.

关于社会资本概念尽管还有很多的争议，但已成为当今社会科学中的一个重要概念。从其基本内涵看，社会资本是指社会主体（包括个人、群体、组织、社区和国家等）间联系的状态及其特征，其表现形式有社会网络、规范、信任、权威以及为某种行动所达成的共识等。社会资本存在于社会结构之中，它通过人与人之间的合作进而提高社会的效率。社会资本不同于经济资本和人力资本，它存在于社会结构之中，是无形的，社会资本通过人与人之间的合作进而提高社会的效率和社会整合度。从社会资本的主体来看，可以分为个人、群体、组织、社区、国家和全球等不同层次的社会资本；根据其性质，可以分为以家庭、社区为联系纽带的传统性社会资本和以现代组织、制度为联系纽带的现代性社会资本。①

自第二次世界大战以来，经济学家们就开始寻找让众多欠发达国家和地区也能像欧洲和北美的富国一样富有的“灵丹妙药”，如国外援助、外国直接投资、扶植教育、控制人口、根据改革状况提供贷款，或者根据改革状况减免贷款等等，但不幸的是，所有这一切都没有收到预期效果。② 许多案例表明，在使用捐赠或中央政府提供的资金实现现代化后，许多有效的、农民组织的系统却很快崩溃了。究其原因，发展经济学家以前提出的答案，大都注重经济技术因素方面，而很少注意到制度和社会资本等因素对于经济发展的促进或阻碍作用。

大多数形式的社会资本，都依赖于稳定性，社会组织或社会关系的瓦解，会使社会资本消亡殆尽。个人流动将使社会资本赖以存在的相应结构完全消失。③

我国农村实行联产承包责任制后，在各家各户单干的情况下，要把分散的家庭和村民组织起来已变得比以前艰难。随着我国工业化和城市化加速，大量乡村劳动力外出务工，对乡村社区家庭等传统社会资本带来很大的影响。农村壮年人成年在外，大部分的生活和工作时间都已经脱离了原居乡村，已经游离于乡村旧的社会关系网络，部分甚至全部地摆脱了乡村权力和义务系统的约束。另外，现代化所带来现代交通通讯、机械化生产工具、电

① 奂平清：“社会资本与乡村社区发展”，《河北学刊》2009 年第 2 期。

② 威廉·伊斯特利：《在增长的迷雾中求索：经济学家在欠发达国家的探险与失败》，中信出版社 2005 年版。

③ （美）J. S. 科尔曼：《社会理论的基础》，社会科学文献出版社 1999 年版。

视普及等方面的变化，也使得乡村社区内人们之间相互需求减少，以前形成的各种互助关系网络等社会资本都趋向弱化甚至消失。

在贫困村扶贫或灾后恢复重建中，外部援助尤其是以政府为主体的援助是必需的，但是，这种外源动力必须要与社区内源动力相聚合，完成“二源动力的聚合转换”[①]，外源动力输入及各种政府行为都要以社区成员的实际需要和现实利益出发，要发挥地方组织的作用，要广泛沟通，动员广大社区成员自觉参与，让他们自己决策，并制定行动方案和约束规则，让社区成员成为社区发展的主体。这一过程的关键是要培育使二源动力顺利聚合转换的社会资本，包括利用原有的社区社会资本和创建使项目顺利进行的新的社会资本。地方的需求以及实际地理、人文环境是一种“地方性知识”，这种“地方性知识是创建有效的社会资本所必需的”[②]，如果只重视对乡村社区的物质援助而忽视社会资本的培育，忽视“地方性知识”，外源动力不但可能会破坏社区原有的社会资本，而且最终会因缺乏内源动力的支持而难有成效。

三、贫困村灾后恢复重建中多部门合作的实践与经验

重大灾害灾后恢复重建工作的综合性与复杂性决定了搞好重建工作必须实行统一领导、部门协作、分级负责、政社结合的组织管理体系和运行模式。建立和完善以政府主导、部门协作、社会参与的减灾体制和相应的运行机制，尤其是多部门协作机制的建立和运行，对搞好灾后恢复重建工作有着极其重要的意义。在地震后特别是大震后的重建工作中，各级政府均应有一个权威性的领导机构，统筹部署工作，综合协调运行，加强督促检查。在部门合作中，要明确主管部门及其综合协调职能，既要提倡协作精神，也要强调分工和独立负责职能。

（一）国家层面灾后恢复重建多部门协作机制

在长期的减灾救灾实践中，我国逐步建立了符合国情、具有中国特色的

---

① 刘敏：《山村社会——西北黄土高原山村社会发展动力研究》，甘肃人民出版社2000年版。

② （美）E. 奥斯特罗姆（1999）：《社会资本：流行的狂热抑或基本概念》，上海三联书店2003年版。

减灾救灾工作机制。中央层面建立了灾害应急响应机制、灾害信息发布机制、救灾应急物质储备机制、灾情预警会商和信息共享机制、重大灾害抢险救灾联动协调机制和灾害应急社会动员机制等工作机制。各级地方政府也建立了相应的减灾救灾工作机制。

"5·12" 汶川大地震后，党中央、国务院举全国之力，组织各级党政部门、动员社会各方开展了伟大的抗震救灾工作。国务院于 2008 年 6 月 8 日公布实施《汶川地震灾后恢复重建条例》，在总则中就明确提出：各级人民政府应当加强对地震灾后恢复重建工作的领导、组织和协调，必要时成立地震灾后恢复重建协调机构，组织协调地震灾后恢复重建工作，县级以上人民政府有关部门应当在本级人民政府的统一领导下，按照职责分工，密切配合，采取有效措施，共同做好地震灾后恢复重建工作。

在《汶川地震灾后恢复重建条例》第五章"恢复重建的实施"中，对政府各部门在灾后恢复重建中的任务作出了明确要求。

> 第三十四条 地震灾区的省级人民政府，应当根据地震灾后恢复重建规划和当地经济社会发展水平，有计划、分步骤地组织实施地震灾后恢复重建；国务院有关部门应当支持、协助、指导地震灾区的恢复重建工作。
>
> 第三十五条 发展改革部门具体负责灾后恢复重建的统筹规划、政策建议、投资计划、组织协调和重大建设项目的安排；财政部门会同有关部门负责提出资金安排和政策建议，并具体负责灾后恢复重建财政资金的拨付和管理；交通运输、水利、铁路、电力、通信、广播影视等部门按照职责分工，具体组织实施有关基础设施的灾后恢复重建；建设部门具体组织实施房屋和市政公用设施的灾后恢复重建；民政部门具体组织实施受灾群众的临时基本生活保障、生活困难救助、农村毁损房屋恢复重建补助、社会福利设施恢复重建以及对孤儿、孤老、残疾人员的安置、补助、心理援助和伤残康复；教育、科技、文化、卫生、广播影视、体育、人力资源社会保障、商务、工商等部门按照职责分工，具体组织实施公共服务设施的灾后恢复重建、卫生防疫和医疗救治、就业服务和社会保障、重要生活必需品供应以及维护市场秩序。高等学校、科学技术研究开发机构应当加强对有关问题的专题研究，为地震灾后恢复重建提供科学技术支撑；农业、林业、水利、国土资源、商务、工业等

部门按照职责分工，具体组织实施动物疫情监测、农业生产设施恢复重建和农业生产条件恢复，地震灾后恢复重建用地安排、土地整理和复垦、地质灾害防治，商贸流通、工业生产设施等恢复重建；环保、林业、民政、水利、科技、安全生产、地震、气象、测绘等部门按照职责分工，具体负责生态环境保护和防灾减灾、安全生产的技术保障及公共服务设施恢复重建；中国人民银行和银行、证券、保险监督管理机构按照职责分工，具体负责地震灾后恢复重建金融支持和服务政策的制定与落实；公安部门具体负责维护和稳定地震灾区社会秩序；海关、出入境检验检疫部门按照职责分工，依法组织实施进口恢复重建物资、境外捐赠物资的验放、检验检疫；外交部会同有关部门按照职责分工，协调开展地震灾后恢复重建的涉外工作。

第三十六条 国务院地震工作主管部门应当会同文物等有关部门组织专家对地震废墟进行现场调查，对具有典型性、代表性、科学价值和纪念意义的地震遗址、遗迹划定范围，建立地震遗址博物馆。

第三十七条 地震灾区的省级人民政府应当组织民族事务、建设、环保、地震、文物等部门和专家，根据地震灾害调查评估结果，制定清理保护方案，明确地震遗址、遗迹和文物保护单位以及具有历史价值与少数民族特色的建筑物、构筑物等保护对象及其区域范围，报国务院批准后实施。

2008年9月19日，中国政府印发《汶川地震灾后恢复重建总体规划》(以下简称《规划》)，从重建基础、重建指导思想、重建基本原则、重建目标、空间布局、城乡住房、城镇建设、农村建设、公共服务、基础设施、产业重建、防灾减灾、生态环境、精神家园、政策措施、重建资金、规划实施等方面对灾后恢复重建相关政策、项目和工作进行了总体安排，标志着政府主导下的灾后恢复重建工作全面启动。在恢复重建资金方面，《规划》指出，恢复重建资金总需求经测算约为1万亿元，中央财政按照恢复重建资金总需求30%左右的比例建立中央地震灾后恢复重建基金；通过地方政府投入、对口支援、社会募集、国内银行贷款、资本市场融资、国外优惠紧急贷款、城乡居民自有和自筹资金、企业自有和自筹资金、创新融资等，多渠道筹措恢复重建资金。

在灾后恢复重建中，我国充分发挥社会主义制度能够集中力量办大事的政治优势，在中国共产党领导下，举全国之力加快灾后恢复重建。2008 年 6 月 10 日，国务院办公厅印发《汶川地震灾后恢复重建对口支援方案》，确定粤、苏、沪、浙、京、辽等 19 个省市立即组织开展灾后恢复重建对口支援工作。据四川省政府的统计数据显示，截至 2010 年 1 月底，援建省市与四川地震灾区签订协议援建项目 3118 个，到位资金 415.2 亿元；开工 2831 个，其中完工 1555 个。建设合作产业园区 18 个，协议引进项目 420 个、投资总额 500 多亿元。香港、澳门特别行政区确定援助项目 291 个，到位资金 41.2 亿元；开工 87 个，其中完工 3 个。在对口支援过程中，为了处理好援建方和受援方的关系，各援建省市普遍同受援地党委、政府建立了指挥部联席会议协调机制，定期或不定期进行当面沟通、协调，及时解决遇到的各种问题；还通过“双向挂职”机制让两地干部鱼水相融，形成一个拳头、一个目标、一个方向，不仅有利于解决实际问题，还加强了两地干部的学习交流和全面锻炼提高。

（二）贫困村灾后恢复重建中多部门合作的实践与经验

灾害是我国农村社区致贫、返贫的最主要原因之一。与一般受灾户相比，贫困人口由于基础较差，底子更薄，能力更弱，面对灾害更加脆弱，灾后生计恢复的难度更大。所以，只有将减灾与扶贫结合起来，增强贫困人口自身应对灾害的能力，才能够保卫发展成果，减少因灾造成的致贫、返贫现象，从根本上推动贫困社区的可持续发展。

“5·12”汶川地震后，我国扶贫系统开始了真正以制度性安排参与灾后重建的工作。地震发生后，国务院扶贫办正式成立了抗震救灾领导小组，并参加了国家抗震救灾总指挥部，承担了国家汶川地震灾后恢复重建规划和政策协调的相关工作，在国务院灾后重建总体规划中，就明确 51 个极重和重灾县的 4834 个贫困村灾后重建规划，由四川、陕西和甘肃三个受灾省的扶贫部门会同国务院扶贫办负责编制。国务院还及时明确做出了将扶贫开发与防灾减灾、灾后重建相结合的指示，有重点地强化了贫困村的灾后重建工作。

在国务院扶贫办及灾区各级党委和政府的统一领导和综合协调下，众多政府部门和社会各方群策群力，重灾县区贫困村的灾后重建工作已取得了可喜的阶段性成果，也积累了不少实践经验，尤其在省、县、乡（镇）等各级政府及其职能部门在灾后恢复重建中的相互协作机制探索等方面积累了不少有益的经验。

1. 加强灾后恢复重建领导体制建设，促进多部门协作

“5·12”汶川地震发生后，国务院扶贫办对抗震救灾及贫困村灾后恢复重建工作高度重视，国务院扶贫办灾后重建办多次召开会议，按照中央领导关于“把灾后恢复重建与扶贫开发相结合”的重要指示精神，要求各级扶贫部门贯彻落实，专门设立贫困村灾后恢复重建工作办公室，及时将贫困村灾后恢复重建组织管理、规划编制与实施的主要责任落实到省。

按照国务院扶贫办的统一部署，四川、陕西、甘肃三省扶贫办高度重视贫困村灾后恢复重建工作。

以陕西省汉中市略阳县为例，略阳县成立了由县政府主要领导为组长、县委、政府分管领导为副组长、相关部门负责人为成员的重点贫困村灾后恢复重建工作领导小组；并从县扶贫办抽调精干力量，组成了重点贫困村灾后恢复重建工作办公室，对实施重点贫困村重建项目的乡镇，实行一名县级领导牵头、一个部门包抓、一班人员指导、一套班子落实的“四个一”工作机制；县扶贫办、综合开发办、项目办三个机构合并为一套人马，三块牌子，统管贫困村灾后恢复重建工作。这些领导体系安排与调整，较好地协调解决了贫困村灾后恢复重建中各部门之间的协作问题，使得贫困村重建工作事事有人管，实施项目个个有人抓，有效地保证了全县贫困村灾后重建工作的顺利推进。

陕西宝鸡市陈仓区政府成立了由区长任组长、6个副区长为副组长、26个区级部门的主要领导为成员的灾后重建领导小组，负责统筹安排、统一指导、协调全区灾后重建项目建设工作。区发展计划局负责组织落实领导小组的决定，承担领导小组日常工作，协调管理灾后重建项目实施。全区所有灾后恢复重建项目均实行政府统一领导，部门协调配合、分工负责的管理体制。灾后重建领导小组利用联席会议制度、定期检查、通报制度和专项协调议事制度来推进灾后重建工作。区扶贫办也成立了灾后重建工作领导小组，在贫困地区灾后重建中发挥了主导作用。乡政府将扶贫办、项目办、综合开发办三者合一，合署办公，一套人马，三块牌子，统一管理贫困村的灾后恢复重建工作。

在我国的行政管理体制下，领导重视，尤其是一把手的重视，对推动部

门联动与协作有着决定性的影响。从县一级来说，要搞好多部门协作，关键是县级领导重视，只有县级领导才能召集相关部门统一思想、统一认识、统一措施、出台管理办法，同时，可以大大降低扶贫部门的工作成本和节约工作精力，特别是有了有章可循的政策，就不会因部门领导的变动受太大的影响。

2. 多部门协作科学编制灾后恢复重建规划

地震灾害的复杂性决定了灾后恢复重建工作的综合性、复杂性与系统性，因此，编制灾后恢复重建规划也是一项系统的科学工程，需要统筹部署和各个部门的通力协作。

2008 年 6 月 16 日，国务院扶贫办在北京召开“贫困村灾后重建规划工作组第一次会议”，要求四川、甘肃和陕西三省扶贫办立即着手编制《贫困村灾后重建规划》，并确定在甘肃 5 个特重灾县选择 5 个村开展贫困村灾后重建规划试点工作。在贫困村灾后恢复重建规划制定过程中，各省都高度重视贫困村的规划制定工作，并注重各部门、各种主体之间的协作，发挥各自的优势，为制定科学的恢复重建规划奠定了坚实的基础。

四川省在调研的基础上，按照不同的区域特点，科学规划，分类指导，立足大扶贫，大力整合各类资源投向贫困村，恢复基础设施，大力发展产业，积极探索政府主导、社会帮扶、部门联动、群众参与的重建模式，使贫困村灾后恢复重建工作有序全面推进。以四川省绵阳市三台县为例，在规划的制定过程中，充分发挥县扶贫办的优势和在编制贫困村灾后重建规划主导作用，县扶贫办组织召开了镇、村两级贫困村灾后重建规划业务培训会，培训的核心内容为如何应用参与式方法，结合各贫困村实际，按照规划的主要原则，让群众决定恢复重建的内容和资金调配。还组织相关专业人员审定各村规划的科学性和国家补助资金的投入与自筹资金来源的合理性。县扶贫办协同县交通局、农机局、水务局、农业局、畜牧局等职能部门，并通过调查、贫困村村民大会等方式充分发挥贫困村社区主体在规划制定中的作用。以三台县塔山镇迎丰村灾后重建规划制定过程为例，首先，灾后重建规划组召开了规划小组座谈会，制定了工作计划和社区调查方案，通过社区调查、农户座谈收集资料，了解受灾情况、农户需求、实现需求的可能途径、农户自身参与灾后恢复的方式或途径等；通过召开农户大会，确定社区发展问题排序表、项目意愿排序表、公共设施实施办法及后续管理办法制定程序；召开部门座谈会进行项目可行性分析、可能的技术方案、部门投入、技术服务的方式和途径分析；然后根据社区农户意愿排序和各职能部门的建议，确定社区灾后重建项目，如农田灌溉项目、人畜饮水工程、交通设施建设项目、土地整治项目等。

甘肃省在项目规划和实施计划的制定过程中，各级扶贫办采取了全面开展贫困村灾情调查分析、了解不同类型贫困村灾后重建需求，制定符合各村具体实际的项目实施计划的做法，按照“安全、经济、实用、省地”的原则，把灾后恢复重建与扶贫开发、新农村建设、生态移民、产业结构调整、旅游开发和改变生产生活方式相结合，坚持“因村施策、分户实施、量力而行、分步建设”的重建工作思路。2008 年 6 月 19 日，甘肃省扶贫办在兰州召开“甘肃省贫困村灾后重建规划编制工作会议”，下发了《关于做好贫困村灾后重建规划编制及试点工作的通知》。7 月 1 日，省扶贫办在武都区汉林乡唐坪村，召开了包括 8 个重灾县在内的全省 11 个受灾县扶贫办参加的“甘肃省贫困村灾后重建规划编制暨试点工作培训会议”，制定了统一的规划编制程序和方法。会后，省扶贫办规划工作组具体指导县、乡、村相关人员用参与式方法，编制了该村的灾后重建规划，参会的 11 个县（区）扶贫办规划编制人员现场观摩并参与了唐坪村的规划编制过程。文县、康县、成县、舟曲 4 县按照上述程序和方法，分别编制了另外 4 个首批试点村的灾后重建规划。其中，唐坪村作为国务院扶贫办的试点，省扶贫办具体指导了该村规划制定的整个过程。为了吸引更多的社会资源参与该村的重建和扶贫开发，省扶贫办邀请有过多年合作的省妇联和北京富平学校共同参与唐坪村的规划制定和实施工作，协助唐坪村开展需求调查和制定重建规划，为唐坪村试点提供社区能力建设方面的技术支持，在试点基础上，探索社区主导、政府与社会组织多方协作开展灾后重建与扶贫开发的模式。首先成立了由省扶贫办、武都区扶贫办、富平学校与乡、村干部共同组成的灾后重建规划工作组和专家小组；规划工作组和专家小组通过入户访谈、召开村干部会、村民代表会、妇女代表会、贫困户代表会等方式，宣传国家和省灾后重建的有关政策，启发群众参与灾后重建和扶贫开发的积极性、主动性，调查了解村民迫切需要的重建内容和参与重建的意愿，获取基础数据；在充分了解村民需求的基础上，规划组与专家组一道对村民提出的重建内容进行初步分析评价，针对村民一些过高的期望和要求，规划组再次召开各方代表参加的座谈会，说明国家财力有限，只能资助生活急需的项目和有关村内公共设施的项目，还要靠自力更生来实现长远发展。会后参会代表分头召开会议或者入户交谈，反馈信息，宣传政策，让村民再次讨论拟选的项目，这些工作促进了政策与村民需求的沟通对接；召开村民代表大会，参加大会的还有规划组和专家组成员，国务院扶贫办、省市扶贫办、省妇联以及县乡领导列席了会议，主要议题是选择重建项目，推选规划实施小组和监督小组成员，以及初步确定项目实施管理的原则和程序，均由参会全体村民代表投票确定；村民大会之后，由县直有关部门专业技术人员组成的专家组对拟选项目的可行性再次进行实地考察、分析论证，提出项目设计方案，然后将规划（草案）逐级上报审批；获得批准后张榜公布最终的规划内容。

陕西省也十分重视贫困与防灾减灾综合规划的制定工作，组织多方面的专家，对贫困地区的自然条件和自然灾害进行综合考察评价，系统分析各区域致贫返贫的主要灾害类型，进而制定扶贫开发与防灾减灾的区域规划，为分类指导贫困地区的扶贫开发与防灾减灾工作奠定基础。如略阳县及时成立了贫困村规划编制调研组，在进村入户进一步了解重建贫困村灾情和群众意愿的基础上，通过召开座谈会、发放问卷等多种形式，广泛征求所在乡镇及村组干群意见，并专门召开会议，积极听取各方意见和建议，筛选论证重建项目，结合贫困村灾情实际，从重建指导思想和原则、目标和步骤、资金筹集渠道、保障措施等方面逐一讨论修订，及时上报了全县贫困村灾后重建规划，为贫困村灾后重建工作顺利开展奠定了基础。汉中市扶贫办与规划、城建、国土、交通、水利、电力等部门搞好工作协调，共同研究和制定了本市的贫困村灾后恢复重建项目规划及实施方案、动员和组织群众投工投劳，抓紧组织项目实施。

3. 充分发挥扶贫开发部门在贫困村灾后恢复重建中的主导和协调作用

"5·12"汶川地震后，我国扶贫系统开始了真正以制度性安排参与灾后重建工作，扶贫系统在编制和组织实施贫困村灾后恢复重建规划、协调部门协作等方面都发挥了重要作用。

贫困地区的扶贫开发部门，既是一个具有政府职能的主管部门，也具有综合协调的职能，扶贫部门参加贫困地区灾后重建工作有明显的有利条件和工作优势。因为贫困村是扶贫系统参加灾后重建的重点领域和重点对象，有扶贫政策的支持，也熟悉和了解贫困群众的意愿，有组织发动群众的经验，充分发挥扶贫部门统筹协调、动员组织群众参与、社会帮扶等方面的作用，有助于促进扶贫开发与防灾减灾相结合的长效机制的建立，进而实现贫困地区的协调发展和社会和谐。

以四川省绵阳市三台县为例，三台县是四川省的省定贫困县，全县有国家扶贫工作重点村45个，“5·12”地震后新增返贫村15个，共计60个贫困村。2005年前，绵阳市除北川、平武两县外，其余县扶贫办均未单列，都是设在县农办。2005年三台县借全市大力实施“扶贫攻坚”的东风，单设了县扶贫开发办公室作为正科级单位，而且使全县各级各部门把扶贫攻坚摆在了重要议事日程，成立了各级扶贫开发工作领导小组，每年县上不仅召开1~2次成员单位会议，县委以正式文件出台《扶贫开发工作意见》，明确了各级各部门参与扶贫的具体要求和加大扶贫力度的办法，县委、县政府目标督查办公室对此项工作列入了专项考核内容，并在预算中安排了县级财政扶贫资金。“5·12”地震后，县扶贫办与农业、水利、畜牧等部门一样，机构是完整的，利于各项工作有序推进。县扶贫办与其他部门之间多年的有效的合作为贫困村灾后重建多部门协作奠定了重要基础。在贫困村灾后重建过程，三台县扶贫办在规划编制与组织实施、资源整合等诸多方面，都发挥了有力主导作用与有效的部门协调作用。具体表现为几个方面：一是充分依靠和发挥县扶贫开发领导小组的领导作用，积极主动汇报，得到领导的高度重视，扶贫工作的措施和政策得到落实，在灾后重建农村建设部分资金使用上，领导在工作研究会上明确要求各部门在项目规划区域内，要优先安排农村小集镇建设、贫困村建设、产业发展三大重点；二是与相关部门搞好协调沟通，掌握部门资金投向和安排计划，取得部门同意支持贫困村建设；三是将灾后重建相关部门项目动态通报贫困村及所在镇乡领导，要求各地直接与县级其他业务部门衔接。

4. 多部门参与，充分发挥贫困村群众的主体作用

重大自然灾害之后，参与救灾和灾后恢复重建的部门和形式多样复杂，除了政府各级各类部门（包括兄弟省市的对口支援部门），还有社会群众团体、慈善、福利组织、企业和志愿者，以及受灾群众等等。各参与主体间除了加强部门内部的上下纵向协调，更需要加强部门之间的横向协作。如各级扶贫开发工作领导小组必须要加强与抗震救灾、综合开发、民政等其他方面的领导小组的衔接，建立起横向协作关系。在规划制定与组织实施、资源整

合和项目评估及其监督检查等方面，都要充分发挥各参与主体各自的优势，积极沟通信息形成合力，加快恢复重建步伐。

在“5·12”地震灾后贫困村的恢复重建过程中，内源发展和参与式发展的理念得到践行。在部门协作中，都十分重视受灾群体的主体参与，注重培养其自我发展能力。这使得灾后恢复重建规划、项目设计与实施都建立在贫困村实际需要的基础上，通过参与使得村民成为恢复重建真正的主人，对于重建项目的顺利实施和未来的管理维护打下了坚实的社会资本基础。

四川省利州区在灾后恢复重建过程中，采取政府引导、社会参与的办法，充分激发群众的主体意识，发挥群众的主体作用，做到了“我的事情我做主”“自己的事情自己干”“集体的事情大家管”。通过村民选举在村上成立施工组、物资组、理财组、监督组、协调组，实行物资统一采购、资金统一管理、施工统一组织、矛盾统一协调、质量统一监督，确保项目建设进度和质量。

在甘肃省武都区唐坪村的灾后恢复重建过程中，就形成了政府、社会组织和群众多方协作参与的灾后重建和扶贫开发的有效机制。唐坪村重建项目，由扶贫办牵头，北京富平学校等社会组织参与援建，在项目实施中充分发挥了民间组织在社区发展、能力建设等方面的资源和技术优势，通过开展社区调研、组织村规划实施小组开展活动、建立互助基金、组织妇女参与项目建设等活动，探索出政府与民间组织合作、社区组织在村“两委”领导下工作以及如何有效利用社区内外资源开展灾后重建和扶贫开发的一系列有效机制，调动了群众重建家园的积极性。

在唐坪村重建项目确定和实施的各个环节，通过入户访谈、召开村干部会、村民代表会、妇女代表会、贫困户代表会等方式，宣传国家和省灾后重建的有关政策，充分与村民进行沟通对接，启发群众参与灾后重建和扶贫开发的积极性、主动性。把重建项目的决策权交给群众，真正给群众参与权。通过建立村级项目实施小组等群众管理组织，强化了村民自我组织、自我管理、自我服务的功能，充分发挥了村民自治组织的作用，把阶段性集中重建与经常性管理结合起来，使灾后重建与扶贫开发项目管理进一步规范化、制度化，使恢复重建的过程成为集中民智、反映民意、凝聚民力的过程。在唐坪村灾后重建工作中，群众真正树立了主人翁的意识，他们认识到这些事情都是自己的，最后受益的群体都是自己，外界只是帮助。政府（以扶贫部门为主）也从原来包办一切的角色变成了服务，就是主动推动社区与 UNDP 和北京富平学校等组织的合作。

在塘平村的重建过程中，也充分发挥了北京富平学校和联合国开发计划署（UNDP）等机构和组织的作用，与政府部门不同，这些机构和组织的援助除了资金援助，它们的某些援助理念、工作方法、工作机制和模式等有着不可替代的价值。如它们关注性别的平等参与，关注弱势群体的可持续发展的能力，注重社区能力建设。例如北京富平学校，在整个重建过程中，尤其注重妇女的参与，妇女的能力的培养以及妇女的组织发动。其工作人员在村上长期住下来，组织发动群众和群众一起面临和发现困难，寻找解决的办法。它们也注重公平公正程序的建设，这使得大家齐心协力，村庄在灾后的重建和物资的发放过程中，没有发生过一起纠纷。这些社会组织在信息的交流和沟通方面，也有着极其明显的优势，在消除谣言，宣传政府的政策，化解矛盾等方面都发挥了重要作用。

5. 灾后恢复重建资源整合机制建设

就是在这个村发生了地震以后，以前没有见过和不知道的机制和单位都来了，如何把他们组织好，并且组织建设的维护和管理使用，探索今后在这个村，在这个社区，没有这么多政府和部门再来了，那么你怎么样通过自己的能力培养，自我组织和发展，在这方面应该说 UNDP 也做了很多扶贫工作，为唐坪村的今后可持续发展奠定了很好的基础。

在重大灾害发生后，外界各个部门和各类资源都会在较短的时间内向灾区集中，如在贫困村灾后恢复重建过程中，就有各级各类政府部门、各类国际机构民间组织（如 UNDP、国际红十字会、香港乐施会、北京富平学校等等），以及各类企业和个人通过捐资和志愿活动参与贫困村的灾后恢复重建。因此，部门协调和资源整合机制的建立就显得十分迫切，尤其是部门间政策和制度的整合、人力资源的整合与资金整合等方面，与一些国际机构或民间组织的资源整合，还包括援助理念和意愿等方面的整合。

通过多部门、多层次、政府、社会、民间、个人之间建立起来的多种多样的协作机制，整合配置各个渠道的资金，可以将国家、社会各个不同渠道的救灾资金集中向贫困村倾斜，使不同性质的资金形成合力，提高灾后重建资金的综合使用效益。通过资源整合，有助于有效地将灾后恢复重建与扶贫开发相结合，也有助于把提高农村贫困人口自我发展能力作为恢复重建的重要方面做出有规划的安排。依托恢复重建规划和扶贫规划，大力整合资源，推进连片开发、整村推进，因地制宜开展移民扶贫。支持贫困地区减灾避灾特色优势产业发展，开展劳动力技能培训，提高贫困农民收入水平和就业能力。发挥科技扶贫作用，完善信息化、社会化农村科技服务体系，加快推广农业先进实用技术。①

陕西汉中略阳县在灾后重建工作中紧扣多部门协作这一重要环节，多渠道筹集重建项目资金，在争取上级扶持资金和社会援助资金的同时，尽力整合各部门的项目资金，向试点贫困村倾斜，集中扶持试点村的重建工程。略阳县坚持"三捆绑""四结合""五到村"的资源整合机制，确保贫困村灾后恢复重建规划项目的实施。"三捆绑"指围绕贫困村重建规划，推行重建项目、资金、人力三捆绑。"四结合"指坚持试点村重建与改善农村基础设施条件、贫困村生产生活条件相结合；与农业产业结构调整相结合；与农村精神文明建设相结合；与凝聚各方力量相结合。"五到村"指在灾后恢复重建中，必须做到水、电、路、通讯、广播电视到村入户。

在灾后重建项目资金管理上，各贫困村村委会、村支部在资金管理上，严格执行中央、省、市重建资金管理制度，设立专户、建立专账、落实专人管理，及时报账核销，重大支出集体研究决定，各类专项资金支出定期张榜公示，自觉接受群众监督，增加透明度，让上级组织和援助单位放心，受援群众满意。

四、灾后恢复重建多部门合作需进一步解决的问题

"5·12"汶川地震后，在国务院扶贫办及灾区各级党委和政府的统一领导和综合协调下，在四川、陕西、甘肃三省灾区贫困村灾后恢复重建中，注重部门合作（包括政府部门间的协作，政府、市场、社会三大部门之间的合作，以及国际间的合作等方面），各部门职责明确，群策群力，通力合作，在贫困村的灾后重建工作已取得了可喜的阶段性成果，尤其在灾后恢复重建中多部门协作机制探索等方面积累了不少有益的经验。但是，在许多方面还

① 范小建："新阶段扶贫开发形势及总体思路"，《农村工作通讯》2010年第3期。

需要进一步探索和加强部门间的协作及其机制。

（一）进一步拓展和强化部门协作机制

从实际调查情况看，许多人认为灾后恢复重建多部门协作就是政府部门间的协作，就是重建资金的整合，认为资金整合就是由哪一部门掌管资金，这种认识使得部门协作工作的重点也就放在这些方面，从而也导致部门协作难以顺利推进。所以首先要认识到部门协作不仅仅是各政府部门间的协作，还包括政府、市场、社会三大部门之间的合作以及国际间的合作等方面；协作也不是只有形式上的共同行动，而是在意识、政策、制度安排等方面相互协调，加强联动和资源整合，部门协作的最终目的是搞好灾后重建，而不是部门政绩或利益。

要进一步探索和研究多部门协作的长效机制问题。例如由什么部门主管或执行部门协调工作等问题。如今虽然有灾后恢复重建领导小组等多部门协作的机制，但许多县部门协作的具体工作是由县委办公室和县政府办公室两个综合办事部门来管，这种情况使得部门长期协作缺乏保证，尤其是贫困村灾后恢复重建工作，应充分发挥扶贫开发部门的作用。但许多地方由于扶贫开发部门本身处于边缘地位，机构不健全，人员、经费缺乏，也难以承担多部门协调的重任。在贫困村的灾后重建工作中，应进一步研究解决扶贫开发部门在综合协调工作中的地位和职能的问题，以使其作用得以充分发挥。

要探索建立促进部门协作的制度与政策，建立促进部门与其他部门协作的激励机制，积极搭建对接平台，推动贫困村灾后恢复重建与扶贫开发部门协作向规范化、制度化方向发展，鼓励和支持各部门积极参与贫困村扶贫开发。要加强协调机构的制度建设，在人员、经费等方面有更多的投入，以保证协调部门有更多的实践和精力做好部门协调工作。

贫困村灾后重建项目由于管理层次多、审批环节多，项目涉及部门多与行业诸多，而且各种要求也较多，项目的评估、检查验收等环节相对较严格。这些旨在保证项目科学性和实施效果的管理程序，往往导致项目和资源难以较为均衡地到达贫困村，往往是那些社区组织较为完善、社区社会资本较为丰富的贫困村获得更多的项目和资源。所以应该加强贫困村灾后恢复重建项目的部门协调工作，尽可能简化项目管理的运行程序和成本。

（二）强化扶贫开发部门在贫困地区灾后恢复重建中的主导作用

贫困地区的扶贫开发部门，既是一个具有政府职能的主管部门，也具有综合协调的职能，扶贫部门参加贫困地区灾后重建工作有明显的有利条件和工作优势，扶贫部门更加熟悉和了解贫困群众的意愿，有组织发动群众的经验。

要进一步强化各级扶贫开发部门在贫困地区发展与防灾减灾工作中的地位和作用，进一步明确扶贫办在多部门协作机制中承担贫困村灾后恢复重建工作的协调管理职责。

要加强和完善扶贫开发部门的机构与制度建设，注重解决人员、经费等方面的问题。各县扶贫部门应明确一名领导具体负责与援建部门和单位的联系沟通与对接。援建中的具体工作和事宜要严格按照捐赠方的操作流程和相关要求开展，积极配合，多提合理化建议和项目，帮助援建方调整思路，确保项目选择的实用性和资金投入获得最大效益。

（三）加强资源整合力度

从三省灾后恢复重建经费落实于使用的总体情况来看，还普遍存在许多问题，如资金投入不足、缺口较大，投入不均衡，重建资金大量用于基础设施等物质层面的建设，而没有为贫困人口的后续发展做打算。在省与省之间、省内的不同市县（区）之间、县内的不同乡（镇）村之间、试点村与非试点村之间、村内不同组之间，都存在投入不均衡的现象。不均衡表现在资金投入力度（是否为试点村，是否有援建资金等是重要的影响因素）、项目选择（援建资金的投入意向是否明确、当地政府的统一规划等是重要的决定因素）等方面。投入不均衡的原因，部门协作和资金整合机制不健全是主要原因，其他方面如当地政府对该项工作的重视程度、人力的配置和投入、项目的审批审核程序、农户的投工、投劳力度也是重要的影响因素。

扶贫办应加强与多部门之间的沟通，加大资源整合力度，重点是协作资金捆绑问题，向灾区贫困村倾斜。要进一步完善外部支持机制，要提高资源投放的到位率，减少中间环节，缩短外部资源和社区文化重建诉求之间的路径，尽量使中央政府资源和体制外资源直接落实到受灾社区。

建议采用贫困村连片重建的方法，将灾区连片重建与扶贫开发作为整合各类资源的一个有效载体。因为有些部门的资金按规定难以到达村庄一级，若只限于村级恢复重建，则难以整合这些资金。所以应该将贫困村恢复重建与灾区连片开发相结合，将更大范围的部门资金整合以开展统筹扶贫开发工作。在争取地方党委、政府支持的前提下，协调相关业务部门，在规划贫困村群众的充分参与下，共同制定贫困村的连片重建实施方案，实施整片推进。争取用扶贫部门掌握的中央基金投入，整合更多的部门投入资金和调动贫困村群众积极性，发挥群众的主体作用。并建议加大国际合作和社会帮扶工作力度，争取更多的资源用于贫困村灾后重建。同时建议加强中央机关定点帮扶贫困村灾后恢复重建工作，建立和完善长效帮扶机制，以弥补贫困村恢复重建项目规划资金的不足。

要进一步加强灾后恢复重建信息资源整合。在灾害预防与救援中，救灾工作信息化、网络化平台的建设至关重要。在贫困村灾后恢复重建过程中，信息资源共享平台的建立对于重建资源的统筹安排和有效配置有着重要的意义。贫困村灾后恢复重建涉及众多部门，这些部门各自投入多少资源，资金能否及时到达贫困村，能否以村级规划为依据加以统筹与整合使用，对这些方面的信息必须清楚才能统筹贫困村的恢复重建工作。由国务院扶贫办灾后重建办组织设计开发并推广应有的“贫困村灾后恢复重建检测管理系统”已于 2009 年 8 月完成，也开展了系统的相关应用培训，但是监测系统的数据填报进度远远滞后，难以发挥作用。其主要原因是因为数据涉及部门多、工作量巨大、没有专门的经费支持，而且，扶贫部门要求其他部门提供贫困村资金落实情况的资料时，会面临过问其他部门事物的尴尬，这方面的协作在实际操作中还有很多困难，而且，即使扶贫部门能拿到其他部门的统计数据，其准确性也难以保证。因此，在灾后恢复重建信息资源整合方面，还需要通过加强部门协作机制、加强人力、经费投入加以解决。此外，还应该加强重建项目评估、检查等环节的多部门协作开展工作与信息共享，以减轻受援助贫困村应付项目检查、接待等方面的负担。

灾后重建应当关注边远地方的贫困村，加大对低保户、贫困户的扶持力度，关注妇女、老年人、儿童、残疾人、少数民族等群体，对于特别困难的群体需要建立特殊援助长效机制。居住偏远、缺乏商业等发展机会、受教育程度低等因素是贫困的主要原因。因此，贫困村灾后恢复重建除了基础设施等硬件建设外，要更加关注贫困人口的基本社会保障、教育与技能培训、移民扶贫等方面的制度安排与落实实施，从恢复重建资金中为贫困社区和人口的可持续发展安排一定比例的资金。

（四）注重社会资本的培育

灾后恢复重建多部门协作关系本身就是一种社会资本，部门协作也有助于进一步培育新的社会资本，协作关系有助于恢复重建工作的顺利推进，促进重建资源的效益最大化。在部门协作的过程中，社区和贫困人口的参与有助于社区组织的成长，有助于社区合作能力等社区内源动力的培育，为贫困村的可持续发展奠定坚实的基础。

但是从灾区恢复重建的总体情况来看，大多重建更多关注的是基础设施等物质层面的恢复重建，着力于满足受灾群体短期内的迫切需要，而对社会关系和心理等社会资本层面的重建关注较少，重建资金用于这方面建设的比例微乎其微。对于部门协作机制的探索，对于社区群众参与机制的探索以及对于社区利益公平分享机制的合力设计与安排等等方面缺乏投入，其结果是灾区恢复重建难以顺利进行或效果不理想。一些调查显示，一些灾区居民对救灾物资发放的“公平感”和“合理性”的评价中，负面评价的比例还是比较高的，灾后重建中物资分配的方式、信息透明程度、民众参与机制，缺乏有效的沟通机制等因素是其主要原因。

在灾后恢复重建中，经济重建、社会重建和心理重建往往是系统而不可分割的复杂工程，需要有战略统筹和长远规划。从国际经验来看，地震等重大自然灾害后，需要5~8年恢复重建才可以恢复到可持续发展的阶段。灾后重建在基础设施等物质层面的恢复可以在较短的时间内完成，尤其是在可以集中力量办大事的中国特色社会主义体制下，可以集中各方面的资源使灾区尽快恢复基本生产生活条件。但是社会心理、社会关系、社会文化等灾区社会资本和受灾群众能力建设是一个较为长期的过程，需要给予长期的支持和帮助。例如，在对口支援制度与政策框架下，地震后灾区的学校、医院、卫生院等公共设施建设在短期内会有质的飞跃。但是，对口支援结束、援建人员撤离后，随之而来的将是管理难度增大、维护及运行成本大幅上升，将成为灾区后续发展面临的突出问题。

所以，在贫困村灾后恢复重建过程中，要始终把社会资本培育放在重要位置，要加强部门协作，政府与社会组织、志愿者通力合作，政府除了加大资源投入力度，更要在制度、政策和社会管理体制创新方面为恢复重建创造良好的制度性社会资本环境；要充分发挥社会组织在灾区社会心理和信任、参与、互助等社会资本重建中的独特优势及其作用。

（五）贫困村灾后恢复重建与扶贫开发需要有更高层次的部门协调

贫困地区灾后恢复重建面临一个重要挑战之一就是外部环境的不可控性增强，尤其是市场的变化，如贸易自由化和劳动力市场越来越不可控制。贫困地区灾后恢复重建中的许多问题，不仅仅是地震灾害造成的，而是与工业化、城市化、市场化等社会现代化转型有着密切的关系，如贫困问题、农村养老问题、留守老人、妇女与儿童的社会心理问题等等，这些社会问题有些是可以借助灾后重建项目，通过灾区社区建设加以解决的，但有些可能必须要通过户籍制度、劳动就业制度改革、借助加快城市化进程才能得以解决，但这些方面必须有国家或地区等更高层次的部门协调才能加以统筹解决。

由于缺乏更高层面的制度与政策协调，许多在既有制度框架下开展的贫困地区灾后恢复重建项目实践效果并不理想，甚至造成许多问题。例如，在灾后住房建设政策方面，由于实行一刀切的住房重建补贴政策，使得一些已经在城镇长期工作和居住的农民在户籍所在村建新房，实际上不但造成了资源的浪费，也增加了当事人的负担。实际上也是与作为自然发生的人口城镇化这一经济、社会过程相违背的。再如针对农民能力建设一些教育培训项目，由于缺乏更高层次的长远规划，其效果也不明显。在贫困村连片重建项目的计划与组织实施上，援建者也重视发展社区养种植特色产业，但是由于全国农业部门的劳动力过多和分散经营的小农模式，使得在当地是特色的产业，但如放到更大的地区，放到全国乃至国际市场环境下时，可能就毫无特色或竞争力可言，贫困人口的增收空间仍难以扩展。

贫困村灾后恢复重建与扶贫开发需要有更高层次的部门协调机制。必须要在国家层面有制度性的协调机制，如建立覆盖城乡的公共服务体系和社会保障体系，建立城乡一体的劳动力市场体系，彻底解决农民工子女城市就读问题，改善农民工的居住条件，对于人口的城市化要有长远而明确的规划，建立农民城市化制度支持体系，除了政府的制度、政策和经费支持，还要充分发挥社会工作、社会组织等部门在农民城市化过程中的支持作用。对于灾区贫困村来说，要区别对待加以重建，对于那些自然环境恶劣不适宜居住、且重建成本极大的贫困村，要在贫困人口城镇化移民、就业、教育培训、社会保障等方面给予全面而有力的支持。

（执笔人：奂平清，中国人民大学副教授）

第二章

四川省三台县多部门协作开展贫困村灾后重建专题研究报告

我省汶川特大地震39个极重、重灾县，本身多属革命老区、民族地区、贫困地区。特大地震灾害使其扶贫开发成果毁于一旦，2117个省定贫困村雪上加霜、399个村因灾返贫，258万多贫困人口受灾；返贫人口近60万，贫困发生率由灾前11.68%上升到34.88%。

灾情发生后，在省委、省政府领导下，全省扶贫系统广大干部职工积极投入抗震救灾特别是灾后恢复重建。近两年来，灾区扶贫帮困虽然取得明显成效，但是也还面临返贫人口增多、贫困程度加深和农户负债较重、群众生产恢复难度大等亟待解决的困难和问题。我省根据政府主导与社会各界帮扶、常规扶贫与灾后恢复重建相结合的方式，继续把新村扶贫、产业扶贫、劳务扶贫、连片扶贫、社会扶贫等常规扶贫工程与灾区特别是极重、重灾区恢复重建有机结合起来，推进灾区扶贫帮困向纵深发展。除了做好中央和省级党政机关在灾区的定点扶贫，浙江省的对口帮扶，以及“领导挂点、部门包村、干部帮户”活动等的服务协调工作，争取各帮扶部门单位对灾区扶贫帮困的更多支持，还将进一步广泛动员社会各界力量参与扶贫帮困，真正形成灾区“大扶贫”新格局。

调研工作以四川省三台县为例，通过实地调查灾后重建工作多部门合作，探讨和总结多部门合作在灾后重建工作中的方法和经验，为灾区“大扶贫”新格局工作的具体实施提供了一定借鉴。

一、背景和意义

多部门协作是搞好贫困村灾后重建的重要保障，也是我国政府扶贫开发工作坚持的一项基本原则。“5·12”汶川地震给全省部分贫困村造成了巨大损失，但灾区贫困村恢复重建工作，各地在多部门协作方面做了大量探索和创新，认真总结其中的经验和做法具有重要意义。

二、研究地点和研究小组

（一）研究地点

三台县位于四川盆地中部偏北，地处东经104°43′~105°18′，北纬30°43′~31°25′，北邻绵阳，南连射洪，西靠中江，东接盐亭。幅员面积2661平方公里，辖63个镇乡，936个村，8233个村民小组，总人口148万人，其中农业人口123万人，是全省19个百万人口丘陵大县之一，也是“5·12”地震重灾县之一。全县耕地面积124.5万亩，农业人平耕地1亩，是全国重要的农产品生产基地。全县有国家扶贫工作重点村45个，“5·12”地震后新增返贫村15个，共计60个贫困村。

2007年，三台县按照“围绕农业抓工业，依托工业建基地”的思路，大力实施“开放立县、工业强县，产业富民”发展战略，实现了经济社会又好又快发展。地区生产总值达87.2亿元，较2006年增长12.1%，位居全省各区县39位；地方财政预算收入达2.95亿元，较2006年增长29.6%；三次产业结构为40.9∶26.3∶32.8，规模以上工业增加值9.55亿元，较2006年增长29.5%，已初步形成了纺织丝绸、食品加工、能源化工和机械制造四大支柱产业；交通、能源等基础设施不断增强，城市功能显著提升，人居环境不断改善。全社会固定资产投资达20.6亿元，比上年增长33.4%。社会事业全面进步，人民生活水平显著提高，城镇居民人均可支配收入为8999元，农民人均纯收入为3976元，分别较2006年增加1450元、603元。

（二）专题研究小组

省扶贫办外资项目管理中心由向兴华、刘小林、代琦和三台县扶贫办的康芙蓉、陈从海等人员组成。

（三）贫困村灾情评估

1. 贫困村基本情况

三台县共有省定贫困村45个，由于地处丘陵地区，全是丘陵村，其中已实施25个，未实施20个。

在45个贫困村中，有村民小组451个，共17508户、61475人；总劳动力35154个，已输出劳动力15820个，富余劳动力16240个；农户住房52524间；幅员面积223023.8亩，其中：耕地59223亩（田21150亩，地38073亩），退耕还林9106.7亩，林地89209亩（果园9600亩），建筑用地3501.6万亩，其他用地351万亩。

随着经济社会的发展和扶贫开发工作的有序开展，大部分贫困村基础设施与公共服务配套设施基本完善，基本摆脱了贫困。2007年年底，45个贫困村拥有灌溉渠道194.26公里，山坪塘902口，水库3座，蓄水池156口，石河堰68处，提灌站56处；供水站4处，建成人饮管道86公里，人饮卫生井9801口；村道路194.26公里，社道路387公里，入户路677.25公里，桥27座；沼气池5252口，节能灶1300口；有线电视12553户，固定电话875户；高压线路66公里、低压线电路167公里，变压器54台。有村小33所，拥有教师163人；村卫生室36处，村医40人，商业网点58处。2007年农作物播种面积12585亩，粮食总产量31536.6万吨，人均产粮513公斤，年人均纯收入2311元，其中年人均纯收入低于1067元的低收入农户有1360户。

2. 贫困村受灾基本情况

“5·12”地震对农村造成的毁损，使我县45个省定贫困村村内土地资源、公共服务和基础设施遭到巨大损失。据统计，地震造成17508户、61475人受灾，死亡2人，农户住房倒塌1680间；毁损耕地3415亩；毁损灌溉渠道63.2公里，山坪塘275处，灌溉蓄水量694231立方米；人饮供水站1处，人饮管道22公里，人工井2910口；毁损村级公路193.8公里，社道路204.3公里，入户路340.5公里，桥9座；毁损有线电视3376户；毁损高压线23.5公里，低压线电路76公里，变压器7台；毁损村小29所，共17229平方米；毁损村卫生室20处，共1275平方米；毁损村活动室36处，共计3498平方米。共造成直接经济损失1.37亿元。

3. 灾害给贫困村造成的影响

（1）贫困人口增加。地震灾害发生后，贫困村的生产资料和生产生活条件遭到严重破坏，贫困范围扩大。据统计，全县45个贫困村受灾农户达17508户，受灾人口61475人，其中：贫困人口1046户，2998人，分别占受灾农户和受灾人口的6.0%、4.99%；共造成返贫户1716户，返贫人口4962人，分别占受灾农户和受灾人口的9.8%、8.1%。贫困发生率由灾前的5.97%上升到15.78%。

（2）扶贫工作难度加大。2001年以来，我县已完成25个扶贫新村建设，累计投入4453.63万元，其中，中央、省、市扶贫专项资金3425.87万元。基础设施方面：建人工机压井1038口，蓄水池166口，引水渠72.51公里，山坪塘87口，村道192.03公里，输电线路9.4公里，改田改土1.53万亩；实施“五改三建”农户达到0.209万多户；建成了一批具有地方特色的增收产业。地震给这些刚刚具备了发展条件的贫困村造成了沉重打击，多年努力建成的生产、生活基础设施被毁，增加了如期完成扶贫开发任务的难度。特别是灾后重建任务艰巨，时间紧迫，国家要求在3年内完成灾后重建任务，与非贫困村相比，贫困村完成工作的难度更大，任务更重。

（3）贫困程度加剧。地震灾害给本已贫困的贫困村农民造成了巨大打击，部分农户的基本生产生活资料损毁，生活陷入困境，一些脱贫的农户返贫，很大一部分贫困户处于温饱边缘。

三、贫困村灾后重建中面临的问题和挑战

(一) 农户负债、负担过重，还贷压力大

灾后重建农房户户均负债约4万元，人均负债1.2万元；村内基础设施和其他公益设施建设，户均集资500元，人均集资约150元。

案例1

三台县贫困村农户负担和负债总体情况

(一) 农户负担情况：

1. 农房重建共计1526户，共投资22902.96万元，其中：农民出资19770.42万元，户平投资12.96万元。

2. 农房加固维修4499户，共投资1929.73万元，其中：农民出资1026.02万元，户平投资2300元。

3. 灾后恢复重建道路设施共投资7691.19万元，其中：农民出资1075.55万元，户平负担1800元。

4. 灾后恢复重建水利设施共投资1895.81万元，其中：农民出资800.64万元，户平负担700元。

5. 灾后恢复重建其他公益事业共投资730.02万元，其中：农民出资301.31万元，户平负担500元。

(二) 农民负债情况

1. 农房重建共计1526户，共负债9857.7万元，户平负债6.46万元。

2. 农房加固维修4499户，共负债515.21万元，户平负债1100元。

3. 灾后恢复重建道路设施共负债1360.22万元，户平负债600元。

4. 灾后恢复重建水利设施共负债505.86万元，户平负债500元。

5. 灾后恢复重建其他公益事业共负债179.33万元，户平负债300元。

以上五项农民共计负债12418.31万元，其中：向金融机构借款5337.71万元、向个人借款5599.39万元、其他借款1481.21万元（含各种材料欠

款）。

根据案例调查结果，灾前群众集资投劳参与村上各项公益事业建设，多渠道筹资改善居住环境，部分农户已经负债，灾后这部分农户负债更深、负担更重。大部分农户对按期偿还银行贷款感到压力很大，因为抗震救灾、恢复重建减少了务工收入，新发展的产业有的出产周期长，要几年以后才有回报。银行借贷资金若不能按期偿还，将会影响到金融系统对灾区贫困村放贷的信用等级，并对群众的责任意识、信用意识产生负面影响。

（二）灾后重建投入不足

贫困村灾后重建的实际投入与需求有较大差距。根据扶贫和移民工作局提供的数据，我省2516个贫困村计划安排中央基金14.36亿元，平均每村57万元，与《规划》平均每村357万元投入相比，差距较大，难以解决一个贫困村恢复重建的主要问题。通过多渠道和多部门合作是解决这一问题的有效途径。

（三）生态环境遭到破坏

我省贫困村大部分集中在高山区，汶川地震对山区森林、植被、土壤等自然环境造成破坏，使山区地质环境稳定性变差，水土流失严重，滑坡、崩塌、泥石流、堰塞湖等次生灾害隐患增多，山体植被被毁，生态环境遭到破坏。

（四）返贫现象比较突出

地震使贫困村农户的农田、坡地、林地遭到严重破坏，家庭所有积蓄建成的房屋、圈舍毁于一旦，辛苦养殖的牲畜、家禽大量死亡，经济储备损失殆尽。特别是在极重灾区，人员伤亡惨重，使原本贫困的家庭生活更加艰难。

（五）生产发展困难

这是贫困村普遍面临的问题，也是贫困村实现脱贫和可持续发展的瓶颈问题。灾后重建，贫困村农户把有限的资金用在了最迫切需要的农房重建、基础设施和公益事业上，用于生产恢复发展的资金严重不足，不少贫困户都背负债务，微薄的劳动收入，主要用来满足基本的生存需求，没有资金投入经营发展。

四、参与贫困村灾后重建中多部门协作机制调研情况

（一）规划阶段的多部门协作

1. 规划主要依据

（1）《国务院汶川地震灾后恢复重建条例》（经2008年6月4日国务院第11次常务会议通过）；（2）《中华人民共和国城乡规划法》（主席令第七十四号）；（3）《国家汶川地震灾后恢复重建规划工作方案》；（4）《国务院扶贫办灾后农村建设恢复重建规划工作方案》（国务院抗震救灾总指挥部灾后重建规划组2008年6月13日制定）；（5）《四川省汶川地震灾后恢复重建规划工作实施方案》（川府发电［2008］81号）；（6）《汶川地震灾害范围评估结果》（民发［2008］105号）。

2. 主要原则

（1）基础先行、综合推理原则。先重点解决严重受灾群众基本的生产、生活条件和农村道路、水利等基础设施建设。

（2）坚持可持续发展原则。帮助贫困群众建立自我积累、自我发展的能力，健全经济增收长效机制，实现人和环境的和谐与相互促进。

（3）量力而行，尽力而为原则。根据资金额度和群众承载能力，既要做到集中资金办大事，又不能因资金不足而冒进，坚持从实际出发，因地制宜，一次性规划，分步实施。

3. 参与规划的单位及各自发挥的作用

（1）县扶贫办。一是组织召开镇、村两级贫困村灾后重建规划业务培训会，培训的核心内容为如何应用参与式方法，结合各贫困村实际，按照规划的主要原则，让群众决定恢复重建的内容和资金调配；二是组织相关专业人员审定各村规划的科学性和国家补助资金的投入与自筹资金来源的合理性；三是编制贫困村灾后重建规划方案。

（2）县交通局、农机局、水务局。分别制定贫困村内水泥道路、碎石道路、塘堰与渠系恢复重建的技术方案，包括建设标准和投资概算，对村民大会讨论制定的项目排序进行可行性论证。

（3）县农业局、畜牧局。负责提供全县种植、养殖产业布局，中长期规划及区域内适宜发展的优良品种，制定种养业项目建设标准和投资概算，对村民大会讨论制定的项目排序进行可行性论证。

案例2

多部门协作参与三台县塔山镇迎丰村灾后重建规划

（一）制定工作方案

灾后重建规划组于2008年9月30日上午到达迎丰村，县级部门同志分别加入迎丰村灾后重建规划组，召开了规划小组座谈会，制定了工作计划和社区调查方案。一是收集资料。到镇政府就全镇受灾情况及开展灾后重建规划的构想介绍，查阅迎丰村上报受灾情况表和5·12地震灾害困难群众临时生活救助对象评议记录等资料。二是社区调查。与村社干部座谈了解地震前后基本情况、受灾情况、灾后重建构想。三是分类座谈。按受灾情况分成三类：即房屋倒塌户、危房户和其他户。四是日程安排。10月1日开展社区调查和农户座谈，10月2日上午召开农户大会、下午与县级部门座谈，10月3日上午反馈意见到村社，完成村级规划初稿。

（二）社区调查和农户座谈

2008年10月1日，在迎丰村委会所在地听取了镇党委书记卢安兴就全镇基本情况介绍和镇党委政府对迎丰村灾后重建构想，规划组到村按照工作方案开展工作。

1. 社区调查

参加人员：规划组成员2名、镇扶贫办主任胥林钢、村文书。

采取方式：座谈、查阅资料、查勘、绘图。

完成工作：完成了村基本情况调查、受灾情况调查，了解社区基本情况，包括受灾情况及对贫困的影响、社会经济情况、基础设施情况、支柱产业等设施存在的主要问题、制约因素和发展潜力等；调查分析村民金融信贷需求、生产性资金来源渠道。

主要产出：形成了村平面图、重灾区域分布图、农事季节历、村受灾情况调查表。

2. 农户座谈

参加人员：规划组成员4名。

采取方式：入户座谈、小组座谈。

完成工作：通过与27户农户座谈，其中房屋倒塌户15户、危房户11户、一般户1户。

了解农户基本情况，包括人员构成、居住状况、受灾情况、生产情况、主要收入来源和开支情况、希望解决的问题和途径，以及自身参与灾后恢复的方式和途径。

在农户座谈中，每个农户提5个最需要解决的问题和5个自己认为最佳的解决途径。通过汇总分析得知：农户认为制约其发展的问题主要集中在交通不便、灌溉用水困难、饮水难、缺乏建房资金、水土流失严重、缺沼气、缺乏产业支撑、用电困难、缺少技术等10个方面；需求主要集中在建房、饮水、道路、卫生站、沼气池、发展产业、增设变压器、信贷等10个方面；自身可以出工出力参与项目建设。

主要产出：农户受灾情况、农户需求、实现需求可能到途径、自身参与灾后恢复的方式或途径。

（三）农户大会

2008年10月3日上午9点在迎丰村，召开农户大会。

参与人员：规划组全体人员、镇党委书记卢安兴、镇政府王成镇长、镇扶贫办主任胥林钢、村两委人员，包括村两委人员在内共216位村民（其中男性125名、女性91名）。

主要内容：介绍村基本情况、受灾情况、访谈情况，通报制约本村发展的因素收集情况、组织农户分组排序，通报农户项目意愿收集情况及组织排序，讲解社区发展资金的大致概念和征求农户对社区发展资金的意见、通报社区需求调查情况及初步的项目规模并征求意见，通报收集的公共设施实施意见并征求意见。

主要产出：制约社区发展问题排序表、项目意愿排序表、公共设施实施办法及后续管理办法制定程序。

（四）部门座谈（2008年10月3日下午）

参与人员：迎丰村规划组全体人员、畜牧局、水利局、农业局、交通局、县扶贫办分管领导和技术人员。

主要内容：项目可行性分析、可能的技术方案、部门投入、技术服务的方式和途径。

1. 畜牧局王金江

在迎丰村养猪和家禽均可行，畜牧部门完全可以提供技术服务，镇畜牧兽医站可以提供技术上的帮助。

2. 水利局严融

小型联户供水站按国家补助259元/人、加地方配套每解决一人补助393元。

3. 交通局刘德福

迎丰村按照通村公路标准（3.5米宽水泥公路通达村委所在地）已经属于通畅村标准，交通部门不可能再安排资金用于该村村道建设，只能提供技术服务，帮助设计和验收，免收勘察设计费用。

4. 农业局刘浩

一是提供技术服务和培训，二是过去建沼气池分国债项目和省项目，国债项目每口补助1000元，省项目每口补助500元，目前申报到农业厅申请补助标准为3000元，如果得到审批，将迎丰村纳入项目区。

主要产出：项目技术标准、项目可行性分析、初步单位投资概算、可能获得的支持。

（五）初步项目框架

根据社区农户意愿排序和专业部门提出的建议，确定迎丰村灾后重建项目。主要包括，通过维修灌溉渠道、整治山坪塘、维修石河堰解决该村农田灌溉问题；通过打人工井，解决人畜饮水困难；通过恢复重建村内公路解决4、5、6、7、9社交通问题；通过土地整治，解决水土流失严重的问题。

（二）项目实施和管理阶段的多部门协作

1. 建立组织实施小组

三台县成立贫困村灾后重建领导小组和灾后重建实施小组，为工作提供强有力的组织保障，同时也加强了与相关部门的协调，为资金打捆打下坚实基础。

组　长：康芙蓉　县扶贫办主任

副组长：陈从海　县扶贫办副主任

　　　　谢兴余　县扶贫办副主任

　　　　羊　芳　县财政局农业股股长

成　员：陈高明　县规划和建设局村镇股股长

　　　　叶开勇　县交通局工程股股长

　　　　樊明烈　县水务局水利站站长

　　　　胡仁华　县农机局管理股股长

　　　　吴　健　县农业局经作站站长

　　　　车从成　县畜牧兽医局畜牧站站长

　　　　李芷苡　县审计局财政股股长

　　　　相关镇乡　分管镇乡长

　　　　相关村两委　支书、主任

实施小组下设办公室，由陈从海同志兼任办公室主任，负责制定贫困村灾后重建村级规划，组织贫困村灾后重建项目的实施与管理，对项目实施进度、质量进行监督和检查，做好项目的实施进度的汇总和上报工作，负责项目的竣工验收工作。

2. 参与部门及主要职责

（1）县扶贫办：指导各村制定详细的实施方案；协调落实中央灾后重建基金；指导、督促、检查项目实施进度和质量；组织项目验收。

（2）县交通局、农机局、水务局：分别负责村内水泥道路、碎石道路、水利设施建设工程的技术指导；其中，县交通局负责施工测设工作，进行工程质量监理；参与工程竣工验收，并出具验收结论。

（3）县农业局、畜牧局：分种类、分品种编写实用技术资料；深入各村进行实用技术培训，包括实地建园（场）、生产管理技术。

案例3

三台县潼川镇百鹤寨村灾后村道公路重建

三台县潼川镇百鹤寨村灾后新建村道公路2.7公里和维修社道5公里，

6个村民小组，1850人受益，根据村民大会讨论，新建村道建设标准为路基宽4.5米、有效路面宽度3.5米的水泥路，新建村道和维护修社道工程合计总投资为121.94万元，由县扶贫办、交通局、农机局等投入灾后重建资金93万元，村民自筹17万元，业主投资11.94万元，村民投劳0.6万个。工程采用对外招标承包方式实施。

在项目实施过程中，由县交通局农村公路建设指挥部办公室主任、高级工程师刘德福、检测监督员李尚志负责施工放样报验，和灌吵法密度和击实试验、回弹弯沉检测等质量监测，确保了工程的施工质量。

在工程竣工验收中，由县扶贫办康芙蓉、谢兴余，县农机局工程师胡仁华和潼川镇、百鹤寨村的干部组成的工程竣工验收小组对新建村道和社道维修工程进了验收，验收结论是：按合同工程，经县交通局质量监督和县扶贫办、县交通局、村社验收合格。

（三）整合资源投入贫困村灾后重建情况及案例

1. 贫困村灾后重建中央基金落实及整合资金情况

三台县纳入国家总体规划的贫困村为60个，县扶贫办共衔接落实用于贫困村建设的中央灾后恢复重建基金（以下简称“中央基金”）7500万元，整合县级其他部门的项目资金1985万元到32个贫困村，占规划贫困村总数的53%。据此，纳入国家总体规划的60个贫困村平均每村落实灾后恢复重建资金为（7500万元中央基金+1985万元整合资金）/60个村=158万元，加上贫困村的农房重建国家补助资金，平均每村落实灾后恢复重建资金达到300万元以上。

2. 县扶贫办在整合资源上的具体做法

一是充分依靠和发挥县扶贫开发领导小组的领导作用，积极主动汇报，得到领导的高度重视，扶贫工作的措施和政策得到落实，在三台县灾后重建农村建设部分资金使用上，领导在工作研究会上明确要求各部门在项目规划区域内，要优先安排农村小集镇建设、贫困村建设、产业发展三大重点；二是与相关部门搞好协调沟通，根据县委、县政府领导要求，与部门沟通，掌握部门资金投向和安排计划，取得部门同意支持贫困村建设；三是将灾后重建相关部门项目动态告之贫困村及所在镇乡领导，此项工作在两次业务培训会上作了专门讲解，要求各地再直接与县级其他业务部门衔接。

案例4

三台县贫困村与非贫困村整合灾后重建项目资金对比

一、基本信息

贫困村：三台县乐安镇梨园村		非贫困村：三台县乐安镇福利村	
村类型	丘陵村	村类型	丘陵村
村民小组	7个	村民小组	7个
总户数	405户	总户数	323户
农业户数	391户	农业户数	313户
总人口	1328人	总人口	1185人
农业人口	1268人	农业人口	1180人
总劳动力	860个	总劳动力	698个

二、建设内容与投资 单位：万元

三台县乐安镇梨园村（贫困村）			三台县乐安镇福利村（非贫困村）		
建设内容	项目来源	项目投入	建设内容	项目来源	项目投入
田间作业路硬化	县农业局现代化农业高产示范片建设	27	灾后农房重建	中央基金	182
沼汽池建设	县农能办沼气项目	45	灾后农房加固维修	中央基金	64.5
贫困户生产发展	县残联县残增收项目	0.72	机耕道1.1KM	县国土局土地整理项目	13.2
新村扶贫灾后恢复重建	县扶贫办新村扶贫及贫困村灾后重建项目	147.4	U型槽1.1KM	县国土局土地整理项目	14.3
农村住房重建	中央基金	191.8	堰塘整治1口	县国土局土地整理项目	3.8
农村住房维修加固	中央基金	48			
合计		459.92	合计		278

五、贫困村灾后重建多部门协作机制建立的成因

（一）背景

三台县为绵阳市的省定贫困县，2005 年前，整个绵阳市除北川、平武两县外，其余县扶贫办均未单列，都是设在县农办。2005 年开始，三台县借全市大力实施“扶贫攻坚”的东风，不仅单设了县扶贫开发办公室作为正科级单位，而且使全县各级各部门把扶贫攻坚摆在了重要议事日程，成立了各级扶贫开发工作领导小组，每年有专项考核措施，并预算了县级财政资金，“5·12”地震发生后，扶贫与农业、水利、畜牧等部门一样，机构是完整的，利于各项工作有序推进。

（二）成因

一是从 2005 年各级成立扶贫开发领导小组以来，每年县上不仅召开 1～2 次成员单位会议，县委以正式文件出台《扶贫开发工作意见》，明确了各级各部门参与扶贫的具体要求和加大扶贫力度的办法，县委、县政府目标督查办公室对此项工作列入了专项考核内容。二是近年来，三台县扶贫工作进一步取得明显成效，工作得到了各部门的认可和领导的重视，有 3 个贫困村被选为新农村试点（示范）村，贫困村的村、社道路建设每年被农机局列入了全县机耕道改造统计上报，扶贫办与交通部门项目整合共建的村道路多处被列为交通局上级检查迎检点等，县扶贫办与其他部门之间多年的有效的合作为贫困村灾后重建多部门协作奠定了重要基础。

（三）关键

从县一级来说，要搞好多部门协作，关键在县级领导重视，只有县级领导才能召集相关部门统一思想、统一认识、统一措施、出台管理办法，同时，可以大大降低扶贫部门的工作成本和节约工作精力，特别是有了有章可循的政策（办法），不会因部门领导的变动而出现较大反差。

（四）多部门协作参与灾后重建的作用、效果及影响

其作用主要在于能使灾后重建规划更加科学，项目实施技术和质量更有保障；其效果就是能使贫困村在重建过程中能得到更多实惠，达到合力扶贫的目的；其影响则体现于弱势群体（贫困村）更能得到比其他村的优惠政策，经济发展总体水平超过非贫困村，正因为如此，全县有50%以上镇乡要求申报下一批贫困村。

六、政策建议

第一，在现有基础上，继续加强部门协作，协助和指导贫困村对已建成的公益设施，逐步建立完善后续维护管理机制，巩固现有灾后恢复重建成果。

第二，继续加大投入，完善配套村内基础设施和公共服务设施，逐步提高建设标准，着力帮助贫困村发展长效支柱产业，增加农户收入，减轻农民负担。探索贫困村群众灾后长远生计发展、增加就业、创业机会和增加收入的途径和方法，通过农民股份合作社和专业合作组织的建立，实现土地流转集中、集约化、规模化经营，探索引进龙头企业引领贫困村生产发展模式，进一步探索劳动力职业技能培训和转移的途径和方法等。

第三，为增加贫困村灾后扶贫开发的投入力度，建议加大资源整合力度，向灾区贫困村倾斜。扶贫部门的新村、产业、移民、劳务、和社会各界的扶贫投入要整合起来，集中投向灾区贫困村。各级涉农部门为主体的其他行业的“普惠”资源在同等条件下，要向灾区尤其是贫困村倾斜。

第四，制定信贷资金支持贫困村灾后重建与产业发展政策。针对贫困村农户负债重，短期内难以偿还贷款的实际情况，适当延长极重和重灾县贫困户贷款还款期限，采取“以奖代补”或“停息挂账”的形式减轻还贷压力。研究制定灾区贫困村产业发展信贷支持办法，进一步发挥金融系统和贫困村互助资金在灾区产业发展方面所起的关键作用。

第五，加强对山区受灾贫困村生态环境综合治理。充分吸引部门资金、社会资金和技术人才广泛参与山区受灾贫困村生态环境建设，将产业发展、

结构调整和环境保护相结合，建立生态效益、社会效益、经济效益并重的良性运行机制。加大山区贫困村生态移民扶贫工作力度，进一步实施封山育林、植树造林、恢复植被等生态修复措施。

第六，减轻贫困农户负担，扩大社会保障范围。提高灾区贫困农户九年义务教育资金补贴。村上进行各项公益事业建设，要根据客观实际需要，通过“一事一议”程序，所需集资或投劳，对贫困农户给予适当减免。要在灾区贫困村试点和探索农村养老制度、医疗保险制度，重点要扩大保障范围、增加保障深度、简化保障程序。

第七，加强贫困农户能力建设。加大灾区贫困群众职业技术培训的广度和深度，努力扩大劳务输出渠道，增加灾区群众的就业岗位。采取集中授课、现场学习等渠道培养灾区贫困群众的“明白人”“经纪人”，注重扩大村内产业发展能人的引导和示范效应。

第八，创新信息化扶贫机制。根据灾区贫困村实际需要，提供远程教育、互联网通讯无线接入等服务，拓展信息传播渠道，丰富信息传播内容，为灾区农民增收致富搭建网络信息平台。

（执笔人：四川省扶贫和移民局外资扶贫项目管理中心向兴华、刘小林、代琦，三台县扶贫办康芙蓉、陈从海）

第三章

甘肃省贫困村灾后恢复重建多部门协作机制专题研究报告

——以唐坪村政府与社会组织合作开展重建为例

5·12汶川地震对毗邻四川西北边界的甘肃省陇南市和甘南州产生了强烈影响。处于此次地震带上的陇南市武都、文县、康县、成县、西和、两当、徽县7县区和甘南州舟曲县遭受极大损失，8县区因此被国务院确定为重灾县。其中，文县、武都、康县、成县和舟曲县为5个特重灾县。上述8县为集中连片的贫困地区。其中，武都、文县、康县、舟曲、两当、西和6县是国家扶贫开发工作重点县。

6月16日，国务院扶贫办在京召开“贫困村灾后重建规划工作组第一次会议”，要求四川、甘肃和陕西三省扶贫办立即着手编制《贫困村灾后重建规划》，并确定在甘肃5个特重灾县选择5个村开展贫困村灾后重建规划试点工作。

6月19日，省扶贫办在兰州召开“甘肃省贫困村灾后重建规划编制工作会议”，并下发了《关于做好贫困村灾后重建规划编制及试点工作的通知》。

7月1日，省扶贫办在武都区汉林乡唐坪村，召开了包括8个重灾县在内的全省11个受灾县（其余3县是陇南市的宕昌、礼县和甘南州的迭部）扶贫办参加的“甘肃省贫困村灾后重建规划编制暨试点工作培训会议”，制定了统一的规划编制程序和方法。会后，省扶贫办规划工作组具体指导县、乡、村相关人员用参与式方法，编制了该村的灾后重建规划，参会的11个县（区）扶贫办规划编制人员现场观摩并参与了唐坪村的规划编制过程。文县、康县、成县、舟曲4县按照上述程序和方法，分别编制了另外4个首批试点村的灾后重建规划。

7月25日，省扶贫办将编制完成的《甘肃省汶川地震贫困村灾后重建规划》上报甘肃省灾后重建领导小组和国务院扶贫办。该规划的内容被纳入了《甘肃省汶川地震灾后恢复重建总体规划》和《国家汶川地震灾后恢复重建总体规划》。

《甘肃省汶川地震贫困村灾后重建规划》（以下简称《规划》）是在灾情评估的基础上，通过编制试点村规划和填制样本村规划表，并以样本村规划数据推算全省贫困村的方法编制的。省扶贫办在国务院扶贫办确定的文县、武都、康县、成县和舟曲5个特重灾县内，选择了5个首批试点村（每县1个）进行《规划》编制。在5个试点村的基础上，5县各选取10%的受灾贫困村、共130个村作为样本村，以村为单位填报“样本村基本情况表”“样本村灾情调查表”“样本村灾后需求调查表”和“样本村灾后重建项目建设规划表”。

在试点村和样本村规划的基础上，以县为单位，根据1811个受灾村规模、受灾程度、原有基础，分别进行全县数据的测算。省、市州、县区规划人员，经反复研究讨论，制定了统一的标准，使测算数据符合实际。在反复测算的基础上，由省扶贫办规划工作组采取集中汇总的办法，编制了《甘肃省汶川地震贫困村灾后重建规划》。

贫困村灾后重建规划工作是以选择试点村和编制试点村规划为基础开展的，选择试点村的标准如下：

——受灾较为严重的国家扶贫开发工作重点村；

——就地重建村；

——先期启动农户住房、学校、卫生等公益事业项目；

——受灾情况及地貌具有代表性；

——自然村相对集中，村人口在本县（区）范围内属中等规模；

——村级班子健全、帮扶措施到位。

试点村规划编制的核心理念是以受灾贫困人群的需求为导向，充分尊重他们的意愿，通过村民大会的方式，保障村民的充分参与和重建项目的公开透明，通过与县级有关部门的有效沟通，使贫困村规划与县级灾后重建规划紧密衔接。

7月28日，国务院扶贫办在成都召开“贫困村灾后重建规划工作组第二次会议”，要求三省扶贫办尽快启动试点村规划实施，加强部门沟通和国际合作，争取各方资源，强调了互助资金和小额信贷在贫困村灾后重建中的重要作用。

8月18日，省扶贫办在总结5个试点县规划编制经验的基础上，制定下发了《甘肃省贫困村灾后重建试点工作指导意见》，以指导全省试点工作的开展。

唐坪村作为国务院扶贫办确定的甘肃特重灾县的首批试点村之一，从灾情评估到制定《规划》、实施《规划》的全过程中，得到了省、市、县各级扶贫部门和当地政府的高度重视，工作到位，措施得力。同时，省扶贫办在开展全省贫困村灾后重建工作之初，就确定了“把灾后重建与扶贫开发相结合，把短期需要与长远发展相结合”的工作原则，注重工作机制的探索与创新。在制定规划阶段引入了社会组织——北京富平学校参与试点工作，在实施规划阶段又吸纳了UNDP的援建资金，形成了政府与社会组织多部门协作的工作机制。

唐坪村的灾后重建体现了甘肃贫困村灾后重建的思路和特点，本研究报告试图以案例分析的方式，重现唐坪村灾后重建过程中的主要阶段和关键环节，从中探寻和讨论政府与社会组织在减灾与扶贫方面开展多部门协作的一些工作机制，以期对中国贫困农村在未来减灾防灾与扶贫开发方面有所帮助。

一、唐坪村基本情况

唐坪村位于武都城区西北方向20公里，坐落在群山中的一片半山台地之上。这里海拔1400~1800米，年降水量470毫米左右，无霜期250天，年平均气温10℃，夏季炎热干燥，冬季封冻早、气温低，常年干旱缺水，属典型的半山干旱地区。

全村分为两个自然村，共7个村民小组，515户、2184人，1035个劳动力。总面积8.2平方公里，其中耕地2609亩，荒山荒坡8200亩，人均耕地1.2亩，其中梯田0.92亩。种植业以小麦、玉米、洋芋为主，一年一熟，小麦平均亩产300公斤，玉米平均亩产400公斤，洋芋平均亩产1900公斤；全村有大家畜850头，其中每户有生猪1头；经济作物以花椒和中药材为主，全村花椒种植面积690亩，常年产量5万公斤，是群众的主要收入来源之一。该村无灌溉条件，人畜饮水依靠管引与集雨水窖相结合的办法解决。灾前，全村有135户完成了“一池三改”，共有沼气池135座，可以通路、通电、通电话、通广播电视。

该村有“完小”一所，教学楼一栋，教室12间、1320平方米，学生510人，教师16人。其中：公办教师12人，民办教师4人；村里有私人诊所3处，商业网点18个，科技培训室一处。

2007年，全村农民人均纯收入1080元，其中，农业生产收入占45%（以花椒和养猪为主，其中花椒占2/3，养猪占1/3）；外出务工收入占35%，外出务工的农户占总户数的45%；异地经商和小商品贩运（主要是收购转卖理发店的头发）收入占20%，从事经商贩运的农户占总户数的13%。

2001年，唐坪村被列为国家扶贫工作重点村。2004年，在建档立卡工作中确定的贫困户224户，贫困人口1066人，其中：绝对贫困人口28户、126人，低收入人口196户、880人，贫困面达48.6%，是陇南半干旱山区典型的贫困村。经过近几年群众的努力和政府各项涉农项目、惠农政策的实施，贫困人口逐年减少。2007年底，全村贫困人口下降到114户、513人，其中：绝对贫困人口18户、81人，低收入人口96户、432人，贫困面下降到24.8%。尤其是西部扶贫世行贷款项目的实施，使养猪、花椒得到较快发展，并初具规模，成为本村两大农业主导产业。

二、唐坪村灾情与抢险救灾

（一）抢险救灾

唐坪村的村民对2008年5月12日下午发生地震时的情况记忆犹新，在由村干部、村小学校长、妇女主任和村民代表参加的座谈会上和入户访问时，他们描述了当时的情形。

地震持续了大约20分钟，整个村庄地动山摇，烟尘滚滚，遮天蔽日。村民们惊恐万状，纷纷跑到村里的场院上躲避。村小学内正在准备上课的400多名孩子一片混乱，哭喊之声四起，没有一个老师丢下学生往自己家跑，他们迅速把学生领到操场上，清点人数，发现没有遗漏，稍觉宽慰。惊魂未定之际，老师们把学生围在操场中央，等候家长。

震感稍定之后，村党支部立即组织5名党员挨家挨户查看伤亡情况，安慰村民；同时，集合村里的青壮劳力组成抢险队，在废墟中寻找、抢救伤难者，疏通村内主干道。村两委（村党支部和村委会）派人赶往乡政府报信，报信人回来说通往外界的主道路已经被断绝，其余小路不敢走。此时，其余村民也自发地结合在一起，抢救财物，照顾老人和孩子。烟尘散去之后，人们才发现，除了少数新修不久有圈梁和构造柱的房子之外，每户的土房均有倒塌，全村几乎被夷为平地。村小学的教师宿舍倒塌，教学楼裂缝。在地震后的整个下午，唐坪村失去了与外界的一切联系，电话也不通了，村两委就是村里唯一的抢险组织指挥者，危难之际，村民们也自觉服从村两委的安排和指挥。

晚上6时，乡长带人徒步涉险来到村里，与村两委一道组织指挥抢险，安排在场院和学校操场集中搭建临时帐篷，组织妇女搭起临时锅灶做饭，照料全村老小，并帮助抢险。晚7时，家长们开始陆续从学校领回孩子。当夜，全村秩序基本恢复。

次日中午时分，陇南市政协、市人事局、武都区经委、区档案局、区党史办等包乡单位一道徒步进入村里，查看灾情，帮助抢险。令村民们记忆深刻的是，60 多岁的市政协副主席搬砖挖土，抢救被埋的财物，在场村民莫不动容。

5 月 15 日，武都区区长带人徒步到村，成立抢险救灾临时指挥小组，安排指挥抢险，布置村小学复课，他在村里一直住了两个月。与此同时，在外务工的年轻男女也陆续全部赶回村里，村两委集中全村精壮人手 70 名，组成 7 个小队，排除危房险情，夜间值班巡逻（地震惊出了远山的狼群，震后半月内，村里三次遭到狼的侵扰）。

5 月 16 日，省扶贫办领导与武都区扶贫办主任一道徒步来到村里，调查受灾情况，慰问受灾村民，与抢险救灾临时指挥小组一道分析灾情，谋划抢险，并向受灾最重的 7 户村民每户发放慰问金 500 元，向村小学老师们发放慰问金 2000 元，这是村里得到的第一笔慰问金。区扶贫办人员则加入抢险救灾临时指挥小组，协助区长和村两委组织抢险，此后区扶贫办就一直在村里住了 3 个月。同日，村小学按时复课。

5 月 26 日，在救灾部队夜以继日的努力下，村里通往外界的主道路恢复通车。救灾物资相继运抵，主要是面粉、蔬菜、水、常用药品和帐篷。区政府也开办了大灶，政府各部门工作人员不再在村民家里吃饭。当日，1 个连的部队进村安营，全力以赴，清理废墟，打通村内道路，帮助重建。直到 8 月下旬，救灾部队才撤出村庄。他们军容整肃，军纪严明，除了喝水，连村民送上的干粮也不吃一口，还拿出随身携带的创可贴、感冒药送给伤病村民。忆及此处，村民们无不交口称赞，乃至泪下。

截至 5 月 29 日，唐坪村最为紧张的抢险救灾工作告一段落，按照当地政府的部署，转入核实损失，评估灾情的阶段。

（二）灾情评估

由武都区委、区政府成立的抗震救灾指挥部是抢险救灾阶段的总指挥机关。5 月 29 日后，全区转入灾后重建阶段，武都区灾后重建领导小组是整个灾后重建的总决策和协调机关，由区委和区政府主要领导负责，区发改委牵头，建设局、教育局、交通局、水利局、电力局、农牧局、扶贫办、林业局、卫生局、广电局等多个部门共同组成。

灾情评估既要逐户调查、反复核实、登记损失，还要相关业务技术部门实地勘察，特别要对地震引发的山体滑坡、塌陷、地裂等多处次生地质灾害和隐患进行评估，是一项繁琐细致的工作。武都全区共有561个村受灾，分布在高山村、半山村和川坝村，涉及人口12.36万户、54.84万人，有6.83万户受灾，占农村总户数的55%，全区2.66万户贫困户全部受灾。虽然各级政府千方百计抽调人员参与灾情调查评估，无奈点多面广，人手依然极度紧缺，只能按照区灾后重建领导小组的统一安排逐步展开，所以，唐坪村的灾情评估历时一个月才完成。在此过程中，国务院扶贫办、省扶贫办和市扶贫办各级领导和工作人员多次来到唐坪村了解灾情，对灾情评估和重建规划提出建议，武都区扶贫办工作人员则一直住在村里协助村两委工作。

区灾后重建领导小组对唐坪村灾情的评估结果如下：（1）地震烈度为9度，由于地处黄土层山体之上，土质疏松，所以，震感强烈，受损严重。（2）人员伤亡：全村2人遇难，13人受伤。（3）生产生活设施：全村515户房屋全部受灾，共损坏4177间，其中，倒塌1295间、危房2715间、可修复167间；死亡大牲畜3匹，猪83头，倒塌牲畜圈舍1016间；损失粮食9.2万斤；损坏家用电器1268件，生活用具3048件，大型加工设备2台，小麦脱粒机210台，农用车24辆，摩托车24辆。（4）农田及农作物：毁坏农田360亩，其中，经济作物240亩（主要是花椒），粮食作物120亩；毁坏草场1亩。农作物减产损失达到43.2万元。（5）村内公共设施：村小学倒塌教师宿舍23间（土木结构），教学楼和教师宿舍楼出现裂缝；村活动室成为危房；商业门市部和药店18处或倒塌，或成为危房。（6）基础设施和企业：乡村道路塌方6处、受阻4.8公里；村组间桥涵坍塌2座、损坏3公里；中断管引设施850米，损坏水窖61眼、沼气池91个；损坏蜂窝煤厂1家，砖瓦厂2家。（7）非农产业损失：农户家庭经营的二、三产业损失达58万元，外出务工人员返乡造成劳务收入减少近100万元。（8）地震次生灾害及隐患：因地处半山，土质以黄土为主，导致村庄排水沟山体滑坡，农户住房和耕地受到威胁。（9）未发生环境污染以及公共卫生事件，但污水横流，坍塌物、废弃物乱堆、乱放，存在一定的公共卫生安全隐患。（10）该村无地质次生灾害，属原址重建村。（11）根据统计结果初步估算，全村因灾损失达4956万元，返贫现象严重。

在区重建领导小组统一部署的灾情评估之外，区扶贫办按照省市扶贫办的要求，对唐坪村贫困户和扶贫项目受损情况进行了专项调查评估，评估结果如下：

全村114户贫困户全部受灾，房屋全部倒塌。因灾返贫373户、1559人，全村贫困户达到487户，占总户数的97%。2002年以来发展起来的养猪、花椒种植等产业开发项目全部受损。生猪死伤严重，圈舍全部倒塌或裂缝，已不能正常使用。由于剧烈震动，花椒树根系受损、落果严重，半数枯死。地震灾害导致农民收入大幅下滑，2007年农民人均纯收入为1080元，预计2008年将下降至800元以下。加上因灾返贫人口，全村贫困面将由2007年的24.8%上升到93%。

6月底，唐坪村的灾情评估工作基本结束，进入灾后重建阶段。

唐坪村的灾后重建和扶贫开发是紧紧围绕该村的《灾后重建与扶贫开发规划》展开的，《规划》的制定和实施过程就是灾后重建与扶贫开发相结合的工作过程。

三、唐坪村灾后重建与扶贫开发规划的制定

《规划》制定是在灾情评估的基础上，通过村民需求调查，村民参与选择重建项目，地方政府相关业务部门技术论证，区重建领导小组整合重建资源、纳入《武都区灾后恢复重建规划》完成的。作为国务院扶贫办的试点，省扶贫办具体指导了该村《规划》制定的整个过程。为了吸引更多的社会资源参与该村的重建和扶贫开发，省扶贫办选择了有过多年合作的省妇联和北京富平学校共同参加到唐坪村的《规划》制定和实施中来①。

6月26日~7月3日，省扶贫办邀请省妇联和北京富平学校前往唐坪村，协助唐坪村开展需求调查和制定重建规划，为唐坪村试点提供社区能力建设方面的技术支持，在试点基础上，探索社区主导、政府与社会组织多方协作开展灾后重建与扶贫开发的模式。自此，唐坪村的灾后重建中正式引入

① 北京富平学校是一家民间社团组织，主要开展农村社区发展、扶贫小额信贷和农村妇女的培训转移业务。早在2004年，省扶贫办就与北京富平学校、省妇联合作开展农村妇女的培训和转移工作。省扶贫办提供培训经费和受训妇女到达北京的旅途费用，省妇联利用她们到村的工作系统，组织愿意接受培训的妇女，富平学校则在北京举办家庭保姆培训班，培训结束后，与北京当地家庭签订用工合同，并帮助妇女就业维权。截至2007年底，三方共培训转移甘肃农村妇女劳动力8001人，得到了她们的好评。2007年，北京富平学校与省扶贫办一同在甘肃的徽县、渭源县开展农村小额贷款方式的扶贫互助资金试点。

了社会组织的参与。

（一）《规划》制定的过程和步骤

1. 成立规划工作组和专家小组

省扶贫办、武都区扶贫办、富平学校与乡、村干部共同组成灾后重建规划工作组，该小组的构成如下：

组　长：任燕顺（省扶贫办副主任）

副组长：张世华（武都区人大副主任）、高耀军（汉林乡党委书记）、唐玉春（汉林乡唐坪村党支部书记）

成　员：共10人（由省、区扶贫办和富平学校工作人员以及村民小组干部组成）

唐坪村灾后重建专家组构成及任务分工见表1：

表1

姓　名	专　业	职　称	工作单位	工作任务
董耀雄	农村能源综合利用	高级农艺师	区能源站	农村沼气
王　勇	道路桥梁	工程师	区交通局	通村公路及道路拓宽
者俊明	工民建	工程师	区建设局	重建规划
刘　全	林业	高级工程师	区林业局	核桃产业
张宏林	水利	工程师	区水利局	人饮项目重建

2. 宣传政策，动员群众，了解需求

规划组采用入户访谈、召开村干部会、村民代表会、妇女代表会、贫困户代表会等方式，宣传国家和省上灾后重建的有关政策，启发群众参与灾后重建和扶贫开发的积极性、主动性，调查了解村民迫切需要的重建内容和参与重建的意愿，获取基础数据。

3. 评估需求，反馈意见

在充分了解村民需求的基础上，规划组与专家组一道对村民提出的重建内容进行初步分析评价，发现村民对重建试点有一些过高的、不切合实际的期望，比如全额资助家庭住房建设、建立养老院，分发现金以支持生产恢复、分发摩托车以方便出行等。针对村民的这些过高的期望和要求，规划组再次召开各方代表参加的座谈会，说明国家财力有限，只能资助生活急需的项目和有关村内公共设施的项目，还要靠自力更生来实现长远发展。会后，参加会议的代表（主要是村、组干部、学校老师、村民代表和妇女代表）分头召开会议或者入户交谈，反馈信息，宣传政策，让村民再次讨论拟选的项目。这项工作起到了政策与村民需求的沟通对接作用，为村民大会的召开做了很好的铺垫和准备。

4. 召开村民代表大会

7 月 1 日，村两委在小学操场上正式召开村民代表大会，每户至少有一人参会，其中 1/3 是妇女，大约 560 人左右。参加大会的还有规划组和专家组成员，国务院扶贫办、省市扶贫办、省妇联以及县乡领导列席了会议。甘肃其他 10 个受灾县区的扶贫办规划人员现场观摩了会议过程。由于此次村民大会涉及每户村民的切身利益，还有会前的充分讨论和沟通，所以，引起村民的极大关注，除了参会代表之外，还有很多围观的村民。村小学校长评价说，这是在土地承包之后第一次参与人数最多的村民会议，规模空前。

村民大会的主要议题有三项，一是选择重建项目；二是推选规划实施小组和监督小组成员；三是初步确定项目实施管理的原则和程序。前两项内容在宣读了选举办法后，通过参会全体村民代表投票确定，后一项内容是由规划组工作人员宣读讲解草拟的村两委、实施小组、监督小组以及村民的职责，而后回答村民代表提问，最后，全体代表举手表决。

第一项，重建项目的投票结果见表 2。

表 2　　重建项目的投票结果

项目名称	票数	优先次序
建房	427	1
公路建设	427	1
核桃产业	426	2
护庄沟道治理工程	416	3
一池三建	413	4
村内道路	407	5
养殖业	14	6
人饮工程	7	7
太阳灶	7	7
技术培训	7	7
垃圾处理	7	7
文化广场	4	8

第二项，项目实施小组和监督小组成员的推选结果（未注明所代表群体者是监督小组成员）见表3。

表3 唐坪村灾后重建规划实施小组/监督小组成员名单

编号	姓名	性别	所属社	代表的群体
1	唐玉春	男		村委会
2	唐代夫	男		村委会
3	郭东林	男		村委会
4	唐夫庆	男	2	
5	李夫林	男	4	致富带头人
7	汪文新	男	3	贫困户
8	李风德	男	4	重灾户
9	李早文	男	4	
10	唐社安	男	1	
11	李俭明	男		党员
12	唐新林	男	1	
13	李正军	男		
14	郭平哇	男	4	
15	李中福	男	4	党员
16	汪李军	男	3	贫困户
17	唐具银	男	2	
18	李文德	男		重灾户
19	李仲菊	女	1	村委会
20	陈社社	女	1	贫困户
21	李早玉	女	4	
22	李清秀1	女		
23	唐娟风	女	2	
24	杜小花	女		
25	王树儿	女		
26	王小菊	女		重灾户
27	许露英	女		
28	林照英	女		
29	杜二斤	女		
30	王芳芳	女		
31	李清秀2	女		
32	李红庆	女		
33	唐娟霞	女		

实施小组组长：唐玉春；监督小组组长：唐夫庆

第三项，讨论通过村两委、实施小组、监督小组以及村民职责。

村党支部：(1) 领导本村项目的实施工作，协调村内各组织积极参与项目实施，支持项目规划实施小组和监督小组开展工作，研究解决工作中出现的各种困难和问题。(2) 听取村级实施小组和监督小组的工作汇报。(3) 组织本支部全体党员积极参与支持项目实施，发挥先锋模范作用。

村委会：(1) 在村党支部的领导，积极组织项目实施小组和监督小组开展工作，及时向村党支部报告工作，协调解决出现的各种困难和问题。(2) 督促检查项目实施。(3) 组织召开村民大会，听取实施小组、监督小组工作汇报。(4) 组织村委委员积极参与和支持项目实施，发挥模范带头作用。

村规划实施小组：(1) 在村党支部、村委会的领导下开展工作，宣传、贯彻、执行党的方针政策，在规划实施中注重发挥党员的模范带头作用。(2) 征求村民意见，反映村民愿望，定期向村民代表大会和村党支部、村委会汇报工作，协调解决项目实施过程中出现的群众纠纷。(3) 指导分项目能力建设小组（管理协会、小组）开展工作，组织动员村民投工投劳、参与项目建设，监督项目实施质量，统计项目进展情况。(4) 参与项目工程招标，参与或组织物资 采购，并负责落实到户。(5) 负责到村项目资金的使用和管理，接受村民的监督。(6) 参与项目的监测、验收，负责收集、汇总、审核、上报报账资料，公示项目经费开支、村民投工投劳和贫困户受益情况。(7) 配合有关技术部门搞好技术引进、试验示范和推广工作，动员、组织村民参加科技培训。(8) 指导、帮助农户寻找农产品市场，收集和传播科技、市场信息。(9) 组织、帮助村民办理资金借贷手续，指导村民管好用好资金，督促村民按期归还借款，建立并管理滚动发展基金。(10) 在项目实施过程中，注重自身和农户的能力培养，增强自我组织、自我管理、自我服务、自我发展的能力。

监督小组：接受村民大会和村党支部及村委会的领导，监督规划小组的工作，参加实施小组的所有活动，对村民大会和村党支部及村委负责。

农户：提出项目建议，提名和选举代表，有选举权和被选举权。选择项目，实施项目，对村“两委”和实施小组、监督小组的工作提出意见、建议和批评，参加物资采购和项目验收，查阅财务账目，参加劳动技能和实用技术培训。参加项目后续管理。

5. 技术论证，整合资源

村民大会之后，由县直有关部门专业技术人员组成的专家组对拟选项目的可行性再次进行实地考察、分析论证，提出项目设计方案。村实施小组和乡政府将《规划》（草案）上报区灾后重建领导小组和区扶贫领导小组审查。两个领导小组研究同意后，按照规划中项目管理权限和资金筹措渠道，协调有关部门将完善后的规划列入当年项目资金计划，逐级上报市、省灾后重建领导小组及有关部门立项审批。

6. 张榜公示

8 月下旬，《规划》中的建设内容和资金安排获得批准。规划组人员分别到全村每个组，召开村民会大家反馈信息，并在村委会院墙上张榜公布了最终的《规划》内容。

至此，《规划》制定全部完成。

（二）规划的主要内容

1. 项目内容

（1）农户住房建设：该村每户住房按砖混一层三间进行设计，建筑面积 60 平方米，全村共重建 515 户，建房 1545 间，建筑面积 30900 平方米。其中：特困户建房 30 户。

（2）村组道路建设：线路全长 6.8 公里，按四级公路标准修建，路基宽度 6.5 米，路面宽度 6 米，新建盖板涵 26 道，防护挡土墙 1019 立方米，浆砌边沟 6800 米，天然砂砾路面 2040 立方米。

（3）村内巷道排水渠道及路面铺砂：主巷道 0.6 米 ×0.5 米浆砌石排水渠道 750 米，支巷道 0.4 米 ×0.4 米浆砌石排水渠道 3000 米，主巷道 1 米 × 0.7 米载重盖板 750 块，主支巷道铺砂 27500 平方米，厚度 5 厘米。

（4）护村沟道治理：需建谷坊两座，排洪渠 2 条共 500 米。

（5）管引供水项目：重建人饮水窖 61 眼。维修用于灾后重建用水的 200 立方米蓄水池一座，埋设 1 寸引水管道 7500 米。

（6）农村能源沼气池建设：维修灾后受损沼气池 91 个。该村需新建沼气池 300 个。

（7）栽植核桃 4825 亩。

（8）养猪项目：全村 515 户，发展商品猪饲养项目 465 户，户均养猪 2

头，共饲养商品猪930头；繁育母猪养殖户50户，户均养母猪2头，共饲养100头。

（9）文化广场硬化：唐坪村文化广场占地2670平方米，采用C20混凝土进行硬化，混凝土厚度12厘米，共计320.4平方米。

（10）农民工劳动技能培训项目：实施农民工劳动技能培训500人（次）。

（11）科技培训项目：培训农民技术员500人。

（12）单亲家庭贫困户结对帮扶项目：全村有单亲家庭贫困户5户，需利用社会援助力量，结成对子进行帮扶。

2. 投资估算及资金筹措

（1）农户住房建设需投资2966.4万元，其中中央财政、省财政补助1030万元，特困户扶贫资金补助15万元，贷款1545万元，自筹376.4万元。重建户共515户，每户建房60平方米，每平方造价960元，计57600元。

每户国家补助2万元，贷款3万元，特困户30户，每户扶贫资金补助0.5万元，自筹0.76万元（特困户自筹0.26万元）。

（2）村组道路建设共需扶贫投资98.55万元。其中：路基改建6.8公里，由群众投劳，每公里需机械费、材料费2万元，计13.6万元；混凝土盖板涵26道，每道造价0.6万元，计15.6万元；浆砌边沟6800米，每米造价60元，计40.8万元；防护挡土墙1019立方米，每立方米造价200元，计20.39万元；天然砂砾路面铺沙2040立方米，每立方米造价40元，计8.16万元。

（3）村内巷道排水渠道及路面铺砂，需扶贫投资40万元。

主巷道0.6米×0.5米浆砌石排水渠道750米，每米120元，计9万元；

支巷道0.4米×0.4米浆砌石排水渠道3000米，每米60元，计18万元；

主巷道1米×0.7米盖板750块，承载重20吨车辆通行，每块100元，计7.5万元；

主、支巷道铺砂1375立方米，每方40元，计5.5万元。

（4）护村沟道治理，需扶贫投资38.4万元。其中：建谷坊两座，需浆砌石1500立方，每立方造价200元，计30万元；建2米×1米尾水排水渠500米，需浆砌石420立方，每立方造价200元，需投资8.4万元。

（5）管引供水项目共需投资26.7万元，水利部门投资26.7万元。其中：建水窖61眼，每眼投资2820元，计17.2万元；1寸塑管7500米，投资5.4万元；维修200立方蓄水池1座，投资4.06万元。

（6）农村能源沼气池建设需扶贫投资40.55万元。其中：维修灾后受损沼气池91个，每个维修费500元，计4.55万元；该村需新建沼气池300个，每个投资1200元，计36万元。

（7）核桃栽植需扶贫投资村级发展互助资金20万元。栽植核桃4825亩，每亩需嫁接苗22株，每株4元，每亩88元，共计42.5万元。建立扶贫资金村内有偿滚动使用机制，建立健全村级发展互助资金组织机构和管理制度，参照执行商业银行同期利率，需在扶贫资金中投入村级发展互助资金20万元。

（8）养殖业项目需扶贫投资村级发展互助资金30万元。其中：全村共发展繁育母猪50户100头，每头补助1000元，计10万元，良种公猪1户1头，补助3000元，养育肥猪465户930头，每头仔猪补助200元，计18.6万元，统一防疫经费1.1万元。

（9）文化广场硬化需投资11.21万元。其中：硬化混凝土共计320.4立方米，每立方米造价350元，计11.21万元。

（10）农民工劳动技能培训项目共需投资15万元。其中：培训农民工500人，人均投资300元，计15万元。

（11）科技培训项目共需投资2.5万元。其中：培训农民技术员500人（次），人均培训费50元，计2.5万元。

以上十一个项目共需投资3289.31万元。一是农户住房投资2966.4万元，其中：中央、省财政建房补助1030万元，特困户扶贫补助15万元，农户住房贷款1545万元。二是基础设施项目投资255.41万元，其中扶贫投资217.5万元，水利部门投资26.7万元，其他部门投资11.21万元。三是产业开发扶贫资金50万元。四是科技项目扶贫资金17.5万元（详细的预算平衡见附件1《唐坪村灾后重建项目建设规划表》）。

四、唐坪村灾后重建与扶贫开发规划的实施管理

9月间，随着各项资金的陆续到位，唐坪村的重建工作进入《规划》实

施阶段。至2009年9月，《规划》实施基本结束，历时一年。

（一）过程简述

唐坪村海拔1400~1800米，冬季大约在11月下旬至12月初来临，因此，唐坪村的《规划》实施是按照“先生活，后生产”的步骤展开的。按照实施进度，大致可以划分为以下五个阶段：

2008年9~12月，主要进行村民住房建设、学校维修、管引工程，首先解决吃水和居住困难。此外，积极申请利用UNDP援建资金。

2009年1~2月，硬件建设基本停顿。利用农闲和春节，主要开展农业实用技术的培训和妇女的发动和能力建设。

2009年3~4月，全面实施种植、养殖项目，结合种养殖项目的进行，整合部门资金，推进沼气池建设。此外，向村民发放北京富平学校引入的中国红十字基金会提供的住房建设补贴。

2009年5~7月，主要进行村内公共设施建设，包括村组道路、村活动室和卫生室、村内排水设施、供电设施维修、文化广场硬化。此外利用UNDP援建资金建立村级互助资金。

2009年8~12月，查漏补缺，完成《规划》设计的全部硬件建设，强化重建项目的后续管理，推进互助资金向深入发展，为群众增收服务。

（二）《规划》的实施管理

《规划》的实施过程也是村两委和村民能力建设的过程。按照重建项目实施的关键环节，可以将唐坪村的《规划》实施管理概括如下。

1. 培训

采用交流学习、实地考察、现场指导、专家授课、座谈讨论、专题会议等方式，对村两委进行扶贫开发政策、扶贫资金使用规定和《规划》实施程序的培训，以增强其在规划实施中的主导作用。采用组织文化活动、现场指导、专家授课、座谈讨论等方式，对村民骨干和妇女进行与项目建设内容相关的市场分析、风险防范生产技术和互助资金使用和管理的程序和方法的培训，以增强农户自我发展的能力。

2. 资金管理

《规划》实施中的资金来自于各个方面，不同来源的资金按照归口管理的原则进行管理，比如，农业、水利、教育、交通、卫生等部门的重建资金由各部门分别管理，北京富平学校筹集的资金由富平学校管理使用。来自扶贫办的财政扶贫资金按照以下方式管理使用。

（1）专户储存，封闭运行。实施规划所使用的财政扶贫资金，由区财政局、扶贫办专户储存、专款专用、单独核算。村实施小组（或乡政府）在当地信用社开设专户，单独建账、专人管理，由村实施小组集体研究，并经村民代表签字认证后使用资金。

（2）资金使用计划：各项前期准备工作完成后，由村实施小组根据下达的计划，编制年度工作计划和资金使用计划，经乡政府审核后报区扶贫办，区扶贫办按照批准的年度计划预拨30%的启动资金，开始实施项目，此后的资金通过报账方法拨付。总投资中预留5%的资金作为质量保证金，按程序验收合格后拨付。

（3）报账制。村实施小组首先使用预拨和自筹的资金，在技术部门的指导帮助下，按规定的程序实施项目。项目完成或竣工验收后，凭培训、招标采购、物资发放、验收等过程中形成的支持性证明材料和发票，经村民代表签字，乡政府审查，由区扶贫办审核报账。培训项目凭培训通知、人员名册、发票等支持性证明材料按上述程序报账。

（4）民主理财和财务公开。村民代表推选的监督小组是实行民主理财的主体，对《规划》实施中财政扶贫资金的使用进行监督，并按照进度向村民公开资金的使用情况。

3. 采购管理

《规划》实施中实际使用的财政扶贫资金共计245.3万元。其中，223.3万元用于村内基础设施建设，20万元用于建立互助资金，2万元用于培训。基础设施建设项目采用询价和招标两种方式进行采购，由区扶贫办与专家小组一道就设计、材料和技术参数等内容与施工单位签订建筑施工承包合同。

4. 技术支持

围绕产业开发项目和农户的技术需求，区扶贫办协调区农牧局、林业局的技术服务单位，采用现场指导和专家授课的方式，对村实施小组和项目农户提供技术服务。

5. 竣工验收

基础设施项目建设完成后，由建设施工单位向区扶贫办提出竣工验收申请，区扶贫办与区财政局、乡干部、村实施小组、监督小组成员和村民代表组成项目竣工验收小组，采取实地查看、总结评审的方法，对建设项目进行全面验收。其他政府部门组织实施的项目竣工后，由该部门邀请区扶贫办、乡干部，村实施小组、监督小组成员和项目户共同验收。UNDP 自主的项目由 UNDP 项目官员、专家和区扶贫办、村实施小组、监督小组一道验收。

6. 信息公开

在区扶贫办和富平学校双方工作人员的推动下，村灾后恢复重建项目监督小组在村小学门前设立灾后重建项目信息公示栏，定期将各政府部门及民间组织援建的项目资金到位及使用情况以及现金和物资的发放情况向村民公示，接受村民的监督。

7. 心理重建

由区扶贫办协调、组织卫生部门的专业人员和心理医生，采用办培训班、召开村民大会等方式，对村民进行心理辅导和心理重建。

（三）引入新的重建资源

唐坪村在实施《规划》的过程中，经由区灾后重建领导小组、省扶贫办、北京富平学校的努力，引入了三类新的重建和扶贫资源，对该村的《规划》实施有很大的帮助。

1. 部门新增的重建项目

在区灾后重建领导小组协调下，在唐坪村原《规划》资金之外，新增重建资金 83.22 万元，用于该村的重建和产业开发。

表 4 唐坪村新增重建资金的用途和资金来源 单位：万元

建设内容	资金来源						
	农牧局	水利局	教育局	卫生局	林业局	电力局	合计
沼气池建设	46.92						
人畜饮水		1.3					
村学维修			10				
新修村卫生室一处				10			
种植核桃 350 亩					5		
移栽村内电线杆和维修线路						10	
合计							83.22

此外，由区交通局出资建设的河口——汉坪段乡间公路 14.3 公里，穿村而过，唐坪村也能受益。但是，鉴于这项建设不是专门为唐坪村规划的，所以，未计入该村的部门援建项目。

2. UNDP 援建项目

该项目是经国务院扶贫办外资中心牵线协调，由省扶贫办组织市、州、县扶贫办申请的，申请工作始于 2008 年 10 月，2009 年 4 月获得批准。全省 5 个特重灾县试点村共获得援建资金 182.5 万元，其中，唐坪村 36.5 万元，于 5 月到位。按照援建方的资金使用规则，该项资金中 23.5 万元用于村组道路建设，8 万元用于农户沼气池建设，5 万元用于村互助资金。2009 年 10 月，UNDP 项目官员和专家于对该村援建项目进行了中期评估，评估结果比较满意。

3. 北京富平学校引进的重建资源

2008 年 11 月初，北京富平学校向中国红十字基金申请的“唐坪村博爱家园”项目正式获得批准。2009 年 1 月，北京富平学校与省扶贫办、省妇联、陇南市扶贫办、武都区扶贫办达成一项五方合作协议，正式介入该村的灾后重建与扶贫开发。“唐坪村博爱家园”项目资金 116.35 万元，用于村民建房补贴和村内公共服务设施建设。富平学校的项目人员在资金到位前，分别与省、市、区扶贫办及乡政府衔接，征求村委、唐坪村小学、村民代表的意见，为项目的顺利实施奠定了基础。3~4 月间，该项资金到位后，项目组人员遵循公平公正公开的原则，通过农户走访、小组座谈、社员大会等形式充分征求村民意见，制定红基会房屋补助发放的方案，并进行全村公示。这一程序的公正透明得到村民的充分认可与支持，村委也表示今后援助物资的发放以及其他村务工作也将借鉴此次的做法和经验。

2009 年初，富平学校向微软中国公司申请社区学习中心项目，获得批准。该项目向唐坪村捐助了 11 台旧电脑、一张 1 年期的无线上网卡等硬件设备，并提供电脑操作培训和文化活动支持。这些电脑安装在村小学里，由学校老师代为管理。村民和学校的孩子都可以使用这些设备上网，学习或者了解外界。此外，还联络到四川一家美容美发学校收购唐坪村各户家中存放的头发。

（四）能力建设

能力建设贯穿于整个灾后重建和扶贫开发的过程中，但是，难以像硬件建设那样简洁地进行描述和度量，发生在唐坪村《规划》实施中的几个实例，可以从不通的侧面反映村两委和村民自信和能力的改变。

1. 村党支部书记唐玉春

唐玉春是个忠厚木讷的老好人，40 多岁，初中文化。他以往的工作缺少魄力，这也是乡长在地震当晚就来到唐坪村的原因之一。震后，区扶贫办第一次来到村里的时候，他甚至都说不清楚贫困户和扶贫项目的受灾情况。抢险救灾的半个多月里，他深刻体会到了村民们对他的信任，用他自己的话说就是：当了多年的村书记，还不知道村里人真的这么好。大家受灾了，不好好干不行啊。

重建过程中，他总要接待各级政府部门来的人，领受上面下达的任务。特别是重建阶段前期，他要召集各种会议，向村民做宣传、安慰，还要调解各种矛盾和纠纷，使得原本不善言谈、怕出面发言、怕得罪人的他更感到为难。好在那段时间里，区长、乡长和区扶贫办的人都在村里，帮他解决了不少难题，他从中学得到了不少工作方法和经验。到 7 月初召开村民代表大会，讨论制定《规划》的时候，他已经能够比较有效地处理各种村务了。《规划》制定以村两委为主开展工作，他就更少不了跑前跑后地张罗，和乡政府、规划组、专家组成员，以及村民沟通协调。《规划》实施阶段，他和其他村两委成员比较圆满地处理了两件事：一是村民质问乡长“为什么国家给的建房补贴各家发放的数额不一样”，二是十几户村民为村内道路改造让出路面的说服工作。

由于他在这个时期的出色工作，《规划》实施尚未结束，他就被调到乡上工作了。

2. 村民质问乡长

重建阶段之初，村民们通过电视或广播了解到中央政府颁布了给每户受灾村民 2 万元建房补助的政策。但他们不清楚政策从颁布到资金到位还需要一个过程，资金也不是一次性到位的。而且，每户的房屋损失程度也不一样，为了首先照顾重灾户，第一次发放住房补助的时候，并不是所有家庭都得到了同等数额的现金。

于是，部分村民认为不公平，并对村社干部和乡干部产生了种种不满和猜测。他们找到乡长理论，言辞激烈，情绪激动，甚至根本就不听乡长的解释，只管质问。由于村书记也是利益相关者，他们更不相信书记唐玉春也没有拿到最高的补助，当时出现了僵持局面。富平学校在村里的重建项目人员闻讯赶到现场，首先劝导大家冷静下来，然后，从非利益相关者的角度，建议村民听乡长解释，最终还是要看得到的补助总数是否一样。经过说服，村民们冷静了下来，听完乡长的解释后，将信将疑地离去了。随后，规划组成员和富平学校的工作人员分成4个小组深入到农户家中，了解他们目前面临的困难，向他们解释因为灾后重建牵涉的面非常广，政府的各项优惠政策从制定到落实需要一个过程，希望她们能够耐心等待。

不久，第二批、第三批补助到位，村民们都拿到了相同数额的建房补助，而且书记家的补助也在最后一批中。当初找乡长理论的村民觉得对不住乡长，但是又不好去向乡长当面解释。富平学校的人员了解到这一情况后，和书记商议。唐玉春主动上门请这些村民，和富平学校的人带他们一同去向乡长道歉。误会就此化解，但是，村民们不只是消除了心中的歉疚，他们也学会了反思和自我肯定。后来，他们主动参加了村里组织的元宵节社火活动和富平学校组织的跳健身舞活动，个别妇女还说服家人主动为村里道路改造让出路面。

3. 元宵社火

元宵社火是唐坪村十分重要的春节习俗，男女老少都要参与。往年元宵节，村民自发组成花灯委员会筹备社火活动，所需费用各家自愿分摊。2009年春节期间，因受地震影响，家家户户都埋头重建，无人出面张罗，显得冷冷清清，村民们为此颇感遗憾与落寞。经与村委及若干村民代表协商，富平学校在唐坪村的重建项目人员决定提供一小笔资金，资助支持村民办社火，他们只规定了资金的使用原则和目标，具体活动则交由村民自己组织安排。

由于充分尊重了他们的意愿，并得到富平学校的支持，村民们展示出了强大的动员和组织能力，他们自发地选举出元宵花灯组委会，从村民、社会知名人士、重建帮扶单位等多渠道筹集资金，补充活动经费，积极动员农户参与，明确分工。物品采购、现场秩序维持、财务公开等各项工作组织得有条不紊。春节返乡的青年人也踊跃参与社火文艺演出活动，不管是上大学的还是在外打工的，都忙前忙后，策划编排，演练歌舞，主持会场，表演节目。

社火从正月十四闹到正月十六，仅元宵这天，就吸引了周围村庄的近2万人前来观看。演出节目不仅有传统节目，用来表达对新年的祈福和祝愿，也有年轻人编排的合唱“让世界充满爱”、诗朗诵“感恩的心”和“人间有爱”，赞颂了在大灾中的人间大爱。整个社火活动热闹非凡，传统与现代相交融，伤痛与希望相激励，一扫震后村民们心底的焦虑和压抑，振奋了大家共建家园的信心，激发出了憧憬，凝聚起了人心。活动期间，还有许多农户在村里摆摊设点做小生意，活跃了地方经济。

4. 妇女活动

村里有15名妇女代表被选为灾后重建实施小组成员，但是，受传统习俗的约束，她们在起初阶段并未有效地参与到重建中来，甚至在社火的组织过程中，已婚妇女的参与程度也很低。为充分发挥妇女骨干在灾后重建中的作用，在取得村两委的支持后，2009年4月，富平学校特地邀请山西永济县“富平农村社区发展学校”的妇女骨干来唐坪协助开展妇女工作。开始时，永济妇女骨干利用下午和晚上的空闲时间教村里妇女跳健身舞，吸引了将近40多名妇女代表参加。在活动过程中，又从各社选出3名妇女代表，让她们承担起发放来自中国红十字基金会房屋补助的责任，并召开妇女代表会议，介绍妇女互助合作参与社区公益事业的意义，请永济妇女代表分享永济妇女协会自发开展村庄环境卫生治理、硬化村内巷道路面的做法和经验。以模拟表演的方式，介绍发放房屋补助金的原则、目标和程序，引导妇女们共同讨论如何通过房屋补助的发放，促进村民关心村庄公益事业。其中，特别就如何说服村庄道路改造中不愿让出路面的农户（经统计大约有14户左右）进行了讨论，并利用晚上的时间到这些农户家中拜访，有7户农户经过妇女骨干和大家的说服工作，让出了路面，使得巷道建设得以顺利推进。通过这些交流互动，妇女们参与文化活动及社区公共事务的热情及信心得到很大增强，在关于重建规划后续行动的讨论中，妇女们十分踊跃，对村文化站/卫生站的建设、给贫困家庭发放额外房屋补助金的方案提出了很好的建议。

5. 发放房屋补助金

2009年4月间，富平学校筹集到的来自中国红十字基金会的重建资金部分到位，面临的问题是：外来资源发放不公，最容易引起村民之间的冲突。

富平的重建项目人员和村规划实施小组一道通过随机的入户访谈、小组座谈、社员代表会等方式收集村民的意见，不厌其烦地向大家解释这笔资金的来源、资助方的要求、发放原则和目标，并特别强调它与政府的房屋补助政策不一样，如果不满足资助方的要求，资助方将会收回这笔资金。随后，按照此次资金到位情况，富平学校项目人员和村两委、规划实施小组共同制定了红基会房屋补助发放的方案，再次征求村民意见，修改完善方案，最终确定给478户、2032个村民每人发放房屋补助380元，共计77.216万元，并向全村公示。补助金的发放由各社房屋重建互助小组负责执行，互助小组由至少3名妇女代表组成，各社社长提供现场支持，村委与富平项目人员负责监督。经过充分的准备，妇女代表们出色地完成了房屋补助金的发放任务，有3名妇女代表后来被选入了村扶贫互助资金筹委会。

这次住房补助的发放示范了一个公正公平公开的程序如何建立的，得到村民的充分认可与支持。通过村民们充分参与的实际行动过程，村民们获得的不只是一小笔资金，更是对公平、公正、透明的理解和实现程序的了解。

6. 村内道路改造

2009年4~5月间，村里实施道路改造项目。按照区建设局的设计方案，要将原先的村内道路加宽取直，需要14户人家让出面积不等的院子，其中，1户需要迁居。虽然在村民代表会议上村道改造项目获得绝对多数农户的同意，但是，因为直接损及农户利益，到了实际操作的时候，来自这14户的阻力还是很大。村两委、村实施小组和富平学校多次走访这14家农户，做说服工作，起初效果甚微。

与此同时，富平学校项目人员组织的妇女学习活动和发放红十字基金会住房补助项目正在进行之中，在妇女学习的过程中，富平学校人员结合村道改造的实际困难，介绍妇女互助合作参与社区公益事业的好处和山西永济县的做法，组织妇女畅所欲言，展开讨论，需要让出路面家庭的妇女改变了想法，主动做家人的说服工作。参与房屋重建互助小组的3位妇女代表也恰好来自需要让出路面家庭，她们从发放房屋补助的实际行动中获得启迪，也表示愿意为村里的公共事业作出牺牲。

只有1家人很难说服，原因是他家需要让出大半个院子，今后的生活将十分不便。在村两委、实施小组和富平学校项目人员再次与他协商时，大家都汲取了上次质问乡长的教训，基本上心平气和，开诚布公。面对这户人家的实际困难，村两委、村组长多次召开村民会议，提出大家集资给这户人家一定经济补偿的意见，经过村民们反复讨论、测算，达成的一致意见是：除了特困户、五保户之外，按照每人170元的标准集资，用于这户人家的拆迁、重建和安置。集资活动由实施小组负责，监督小组全程参与，富平学校人员作为非利益相关方给予统计方面的帮助，也起到公证的作用。村两委负责向乡政府申报、办理宅基地审批手续。一桩很棘手的事情终于得到妥善解决了，全村集资35万元，这户人家也搬入了新居。

但是，由此也引发了部分村民效仿的心理和行为。按照《规划》实施方案，为了节约改造成本，新村道所过人家要给施工单位提供劳力，无偿帮工服务。在村道改造接近尾声的时候，部分农户就不出人帮工了。为了不延误工期，区扶贫办调整出了少量资金，雇工完成了村道改造项目。

（五）《规划》实施结果

1.《规划》完成情况

截至2009年8月，唐坪村《灾后重建与扶贫开发规划》实施结束。规划的各项建设内容全部完成。通过区灾后重建领导小组的协调和省市扶贫办的努力，利用引入的政府部门、北京富平学校和UNDP新的重建资源，还新增加了一些建设内容（详见附件2“唐坪村灾后重建与扶贫开发规划完成情况表”）。

2009年8月，在国务院扶贫办外资项目管理中心在四川绵阳召开的“灾后重建研讨培训”会议上，唐坪案例作为甘肃灾后重建试点，向大会作了交流，会后，与会的部分代表还到唐坪村进行了实地参观考察，整洁的村容村貌和村民们崭新的精神面貌给参观者留下了深刻的印象。

2. 村民的评价

在我们的实地调查中，村民们对《规划》的实施效果普遍表示满意。按照对《规划》建设项目的满意程度，他们的评价依次是：建房、学校维修、村道改造、电路维修、人畜饮水、沼气池、太阳灶、文化广场（其中有简单的幼儿园娱乐设施）。对于产业开发项目（花椒和养猪），因为还未到收益期，他们没有作出评价。

在问及当前和今后的困难和期望时，村民们的答案很一致：现在村子的建设已经很好了，就是没有挣钱的门路，收入不稳定是最大的问题。村里很多人家从事头发的购销生意，受金融危机的影响，头发价格下降，销路萎缩，如果按现价出售，只能收回采购成本的一半。因此，原来收购的头发多有积压，加上地震重建的损失和重建开支，现金奇缺，没有流动资金重新进入市场，以前的购销渠道也将逐渐丧失。

五、对唐坪村灾后重建的思考

（一）贫困群体需求的多样性与扶贫资源供给的有限性

在近30年的扶贫开发进程中，贫困的特征也不断发生变化，最显著的特征是贫困人群需求的多样化，引起变化的原因大致来自三个方面：

市场经济的不断发展深刻地改变了资源配置的方式，进而使收入分配愈来愈呈现出多样化的特点，即使是贫困人群也不再单纯依靠传统农业来摆脱贫穷了，而是越来越依靠市场化方式的非农收入，地处偏远落后山区的唐坪村的收入结构也具有这样的特点。

经济的持续高速增长总是在提高人们的生活水平，贫困群体本身的需求也会随之向高层次、多样性的方向发展。一个突出的现象是贫困不再主要表现为饥寒交迫，而是表现为家庭现金流量和资本（包括影响越来越大的人力资本）积累的不足，农户曾经的自给自足特点已经在迅速消失之中，现在需要花钱的地方越来越多，从事一项营生所需的投资越来越大，技能要求也越来越高了。

不同级次、不同范围的区域内，经济的聚集效应越来越明显，形成了围绕大城市、中小城市、农村集镇的多重区域经济中心，处在各中心相互交界地带的村庄由于远离经济中心，而被重新分割和边缘化，这种分割和边缘化与农村既有的自然环境和资源禀赋的多样性纠结在一起，形成了小区域、多样性的贫困特点。

然而，作为扶贫资源主要供给方，政府扶贫部门无法完全满足贫困人群的这种多样性需求。政府扶贫部门是一个行政性的科层组织，扶贫资源最终是以各种资金计划的方式到达贫困人群那里。政府的扶贫资源可以归结为两大类——政策与资金，更能够体现政府意图的是扶贫政策，资金只不过是实现政府意图的必要手段或载体。面对越来越多样性的贫困群体的需求，扶贫政策的设计和制定不可能囊括更多的多样性需求，因为扶贫部门的执行成本（包括政策的设计成本和实施成本）是有限的。扶贫部门的执行成本实际上就是扶贫资源的供给成本，社会公平的实现程度和贫困人群需求的满足程度就是扶贫部门的收益，但是，除了设定贫困线用贫困发生率来衡量之外，还没有更直接的办法来度量政府扶贫的收益。政府所能做的就是在扶贫资源的供给与需求之间寻找平衡，这也是政府扶贫效率在理论上的最大难点。

需要特别强调的是，政府扶贫资源的多样性供给曲线是向上倾斜的，其需求曲线却是向上倾斜的。从图 1 中可以看到，随着扶贫资源需求多样性的增加，满足全部需求的价格是不断上升的；随着扶贫资源多样性供给的增加，其供给成本也是不断上升的。造成这种不同于市场均衡的原因在于扶贫资源供给主体的单一性，正是这种单一性使得扶贫政策的设计与实施过程中信息发现的费用会随着资源多样性的增强而增加。它既反映了政府在扶贫开发中的主导地位，也反映出未来扶贫开发的难度在不断增加。在唐坪村《规划》的内容和投资结构中也印证了这一点，大部分的投资用于村内公共服务设施和基础设施的建设，扶贫资源需求与供给之间在多样性方面的均衡机制就是原因之一。

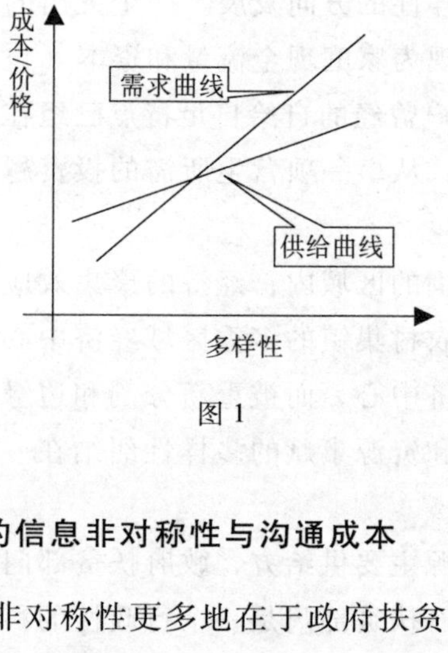

图 1

（二）扶贫开发中的信息非对称性与沟通成本

扶贫开发中信息的非对称性更多地在于政府扶贫部门发现信息、把信息转化为政策和传递政策信息的困难，然后才是贫困人群对于政策的了解不够。一项扶贫政策包含着许多信息，它们是针对大多数贫困人群的，而不是针对个别或少数贫困者的。但是，每个贫困家庭对于扶贫政策的解读却更多地是从自己的实际需要出发的，他们只寻找自己感兴趣的政策信息。在政策的执行过程中，还会有大量的中间信息产生。扶贫开发中政府与贫困人群之间的信息虽然不是也不可能以交易方式进行沟通，但是，成本在客观上是存在的，而且很高，政府部门不可能负担得起如此大的信息发现和传递的成本。

唐坪村发生的村民质问乡长事例的原因之一，就是发放政府建房补贴政策执行过程的中间信息没有传递到村民那里引起的。富平学校项目人员了解村民不满和向村民解释的做法，有效地起到了信息发现和传递的作用，他们实际上支付了化解这次冲突的部分信息成本。从武都区来看，全区共有561个贫困村，从2001年至2009年底，完成"整村推进"的贫困村只有102个，还有459个村没有进行"整村推进"，而区扶贫办全部工作人员只有43人，按照以往的工作进度，每年需要完成10多个村的"整村推进"，清楚地了解这些剩余村庄的情况，并进行有效的跟踪服务，工作成本将会是很高的。

从村民的角度来看，他们对政策的解读不只受各自实际需求偏好的影响，而且，受教育程度低也是影响他们全面准确解读政策的原因之一。唐坪村常住村民的文化程度普遍在初中以下，在需求偏好的影响下，对一项政策利好，他们只关注对自己有利的政策承诺，而对政策的逐步落实过程很少关注，甚至用"想当然"的逻辑来判断。比如，重建初期的灾情评估和需求调查阶段，区扶贫办人员入户调查，宣传讲解有关《规划》的政策时，部分村民依然提出要扶贫办全额支付建房费用，理由是"我们受灾变成贫困户了，扶贫办就是为贫困户服务的，我们现在最需要的就是建房，那么，就给我们盖房子吧"。这是典型的"想当然"，显然，他们没有注意政策讲解的内容。就村民个人而言，追求自身利益的最大化是理性的选择，但是，如果一部分村民都以这种"想当然"的方式追求利益最大化，实际的效果则是降低了重建资源的效率，因为，灾后重建的全部成本除了直接投入之外，还包括支付工作的成本（工作经费开支和时间成本）。

（三）政府部门与社会组织的扶贫合作

如上所述，由于存在贫困群体需求的多样性与扶贫资源供给的有限性，以及扶贫开发中的信息非对称性与沟通成本，政府扶贫资源与贫困群体的需求之间存在一个很大的空间，它需要社会组织和市场组织来共同填补。

社会组织与政府部门的任何合作，首先是与现存体制的合作，而不是与某个部门或者领导者个人的合作。扶贫开发是国家整体发展战略的组成部分，具有国家意志的特点。因此，从扶贫资源的投入总量和投入的持久性上来讲，政府扶贫部门具有绝对的优势。国家意志和投入优势决定了政府在扶贫开发中的主导地位。

社会组织的生存和发展从根本上是依靠其公信力的，也就是信用，而公信力不是靠法律法规和政策来规定的，是靠对社会需求的有效回应逐渐建立起来的。社会组织不具有权威特点，他们的工作范围也不受行政区划的限制，可大可小。多数扶贫领域的社会组织是以促进社会公平为目标的，至少他们宣称是这样的，在这一点上能够与政府扶贫部门的目标达成一致。和政府部门相比，社会组织有更多的时间和人力，用于充分了解贫困人群的多样性需求，在小范围内具有信息成本的优势。此外，社会组织还具有文化活动和技能培训方面的优势，对于村民能力的建设具有重要的意义。这些长处对于涉及公平的扶贫项目具有重要的补充意义。在唐坪村《规划》实施的过程中，富平学校就扮演了这样的角色，他们主动与区扶贫办进行定期或不定期的联络，了解《规划》实施过程中的政策信息，反映村民的意愿和存在的困难，为扶贫办及时调整工作起到了信息传递的作用。他们开展的元宵社火活动和妇女培训工作有力地支持了唐坪村的重建，特别是在提高妇女能力、促进村庄和谐方面，起到了积极的作用。

另外，富平学校在唐坪村重建中一条重要的经验是：他们始终与村两委保持着良好的沟通协作，站在一个外来者的位置，向村两委提供建议并协助村两委开展工作，而不是另起炉灶，另搞一套。这种对村庄现有权力结构和礼仪架构的尊重，是社会组织在村庄开展工作的根本基础。农村社会的基本单元是分散在广袤地域上的村落，构成村落的最小因子是农户，农户之间是靠一种权力结构和利益关系连接成一个整体的。这种权力结构中，不仅包括村两委这样的具有政治意义和法权特点的正式组织，还包括家族、邻里等利益关联的非正式组织。在相当长的时期内，这种权力结构具有稳定性，其原因在于它是各种力量选择和博弈的结果，是对于单个农户和村庄整体成本最低的利益架构。无视村庄现存的权力结构和利益架构的任何做法，都会打破村庄内部的权力与利益的平衡，而重新建立新的平衡不仅仅需要物质资源，还需要政治资源和足够的时间，这些都是任何一个社会组织无力承担的。

（四）政府扶贫部门与市场的功能边界

理论上一般认为，政府提供公共物品，市场提供私人物品。但是在现实中，这种理论是错误的。尤其是在混合经济的体制下，政府也提供私人物品。从扶贫资源的具体形态来看，扶贫部门除了提供村内公共服务设施和技能培训之外，还提供经营性资本，比如种养业项目所需的设施和原材料，这类资源就不是公共物品，虽然它们在所有权让渡之前不具有竞争性，但是却具有排他性，当把一株作物或者一头牲畜提供给某个贫困者时，其他的贫困者就不能再享有这项资本品及其带来的收益。恰恰是因为这种排他性与非竞争性的混合，给贫困对象的瞄准带来困难，“搭便车”者利用扶贫资源的非竞争性和排他性的现象时有发生。比如，在唐坪村发放中央财政给予的专项建房补助时，政策规定是按照户籍登记的户数发放，于是，村里个别有关系的人就在发放之前，办理了多个户口本，借以攫取公共资源。富平学校重建项目人员在发放由中国红十字基金会提供的住房补助时，也遇到了相同的困难，他们花费了大量的时间和人力，来核实每家农户的实际人口数，培训本村妇女代表，与村两委共同制定详尽的工作方案，最后才达到了令村民满意的结果。而政府面对千村万户的受灾农民，不可能支付这样高昂的工作成本。不论政府工作人员付出多大的努力，在紧急情况下，这种“搭便车”的现象是不可能杜绝的，因为，任何个人和组织的理性都是有限的，它缘于信息的不充分和信息识别与处理能力的有限。类似的情形在产业化扶贫项目中也有发生。

扶贫开发的一项最重要的任务就是提高贫困人群的收入，为此，部分扶贫资源采取了产业化项目的投入方式，在确定了产业项目之后，向贫困农户提供经营性资本品。但是，这种方式的不足也是明显的：一是政府部门对市场信息没有优势，在产业项目的选择上很难适应变化着的市场；二是如何减少“搭便车”现象，使产业扶贫的资源准确到达真正的贫困户手中。

对于第一个困难，我们相信农户更具有信息优势，因为，在一个细分化程度越来越高的市场中，单个贫困农户的选择范围很狭窄，他可以花更多的时间去了解和跟踪某个产品市场，获得信息。而许多贫困农户的选择范围就会变宽，如果政府扶贫部门选择项目的话，就很难照顾到多数农户的实际需要和市场的变化。在实践中，一些地方领导推行的特色产业项目不了了之的原因就在于此。把经营性项目的选择权连同扶贫资源一并交给农户会降低来自选择失误的风险。但是，这样做必然面临第二个困难，即如何减少“搭便车”现象。虽然“建档立卡”可以作为一项依据，但是，实际中的贫困人群是一个变化着的群体，总有相当数量的人口在贫困线上下徘徊，所以，瞄准贫困人群的困难依然存在。

只要是稀缺资源，且具有排他性，就必然存在竞争，不论是采用竞价的方式，还是采用机会主义的方式（凭借权力或者关系等），排他性与竞争性不可分割的实质联系是公共资源弥散的根本原因。采用小额贷款方式运行的村级扶贫互助资金，为消除这种公共扶贫资源的弥散提供了一种可能的实现方式。小额贷款“无抵押、小额、短期、高息”的设计原则，很好地适应了贫困农户小规模、短周期的投资需求，并从客观上将非贫困人群阻隔在公共扶贫资源之外，因为非贫困户一般从事较大规模的经营项目，而没有对小额贷款的需求，此外，他们还可能获得额度较大、贷款期限较长、利息较低的商业贷款。

但是，村级扶贫互助资金有效运行的一个最大的实际困难，是“扶贫互助资金理事会（也称管理委员会/协会等）”的公正性和能力不足。从其他社会组织在我国贫困农村地区开展小额贷款的实践经验来看，当资助方完全退出项目之后，原先建立的村民自己的组织大多不能很好地坚守小额贷款的原则，或者失败于利用信息非对称的机会主义行为，或者失败于经营能力的缺失。唐坪村在《规划》实施中建立起来的扶贫互助资金还没有进入良性运转，原因在于该村的“扶贫互助资金协会”缺少足够的经验和能力。

（五）扶贫开发中的资源整合

除了扶贫部门与社会组织开展合作之外，政府部门间的合作同样具有重要的意义。多数政府部门的职能是按照业务分类原则划分的，但是扶贫部门的职能却是按照目标人群和发生贫困的区域来确定的，即贫困村中的贫困户。作为农村的基本社会单元，贫困村具有公共服务设施和基础设施严重不足的特点，而贫困户又具有对扶贫资源的多样性需求。开展政府部门间的合作，整合涉农部门的资源向贫困村倾斜就成为必然。

政府部门间的扶贫开发合作是政府内部的合作行为，带有完全的政府行为特点。作为政府部门之一的扶贫办本身没有权力去整合其他部门的资源，只能起到向上级呼吁、反映困难的作用。因此，整合资源需要更高一级的权力部门作出决策。按照当前的体制，各级扶贫领导小组是唯一能够影响政府决策的机构，因为地方主要领导或分管农村工作的领导就是扶贫领导小组的领导者之一，他们在自己的职权范围内，能够起到整合资源，向贫困村倾斜的作用。扶贫工作的首要经验之一“领导重视”不是一句官话，它就来源于政府的权能结构本身。唐坪村作为国务院扶贫办的试点村，得到了各级政府的重视，尤其是武都区区长的重视，所以，才有了《规划》实施中新增的83万元的部门资金和相应的项目。在对地方主要领导的考核内容中，如果能够加大有关收入和社会进步方面的分量，就一定会促进政府部门间的扶贫开发合作。

（六）扶贫中的基层组织和村民骨干

村两委具有政府和自治的双重性质。它是党和政府在村庄的基层组织，贯彻执行政府的各项政策，其成员也从政府领取一定的津贴。同时，它又是村民自治组织，是按照村民自治组织法，通过村民选举产生的，代表全体村民负责管理村内公共事务。村两委的成员往往互相兼任，因此，它就成为政府利益与村民利益的交汇点。

在市场经济条件下，原先的村级集体经济瓦解，村里的内部财富积累机制也因之消亡，村庄自身的公共财政功能严重弱化，乃至完全消失。随着政府对农村转移支付等惠农政策力度的加强，来自村庄之外的政府资源就成为村务的主要财务来源，政府的扶贫资源就是贫困村的主要外来资源之一。这些外来资源主要是通过村两委发挥作用，村两委的能力成了影响政府政策效果的重要因素。作为村民代表的村两委，实际上担负了如何使外来的公共财政资源更好地回应村民需求的职责，它的能力也成了村民自治的关键。因此，村两委的能力建设就具有了重要的意义。

在唐坪村的案例中，村两委的能力是通过《规划》的全过程而得到提高的，参与《规划》的各级政府工作人员“传帮带”起到了很大的作用，富平学校人员对村两委工作的协助也起到了很好的促进作用。可以说，外部资源的导入是村两委能力建设的重要条件。

提高村两委能力的内在需求来自村庄内部，唐坪村的两委成员和其他村民一样，也遭受了地震带来的损失，也处于贫困的环境中，灾后恢复重建与摆脱贫困是村庄的内在需求，以党支部书记唐玉春为首的村两委的行为和出色表现，就是受这种需求引导的。

在唐坪村座谈中，村民们都表达了要村两委带领大家发家致富的愿望。

在问及谁能带领大家发家致富时，村民们列举了他们的一系列条件，其中，公认的条件有两项，一是公道；二是有经营才能。具备这两个条件的人却不在村两委之内，而是村里一位从事头发购销的专业户，他常年多在外面跑生意，村里许多人也是在他的引领下开始搞头发购销的。显然，村两委并不天然地具有这种功能。执行政府政策和管理村庄事务的能力不必然是发家致富的能力，最多是为大家发家致富创造一个融洽和谐的人际环境，增加收入靠的是企业家才能。

唐坪村的这个事例说明，在市场经济不断深入的条件下，传统村庄的社会结构正在发生多元化的变化，村民们需要能够很好地使用外来公共资源和管理村务的村两委，也需要带领他们进入市场，增加收入的人，后者实际上就是村民骨干。

具有经营才能的村民骨干是市场选择的结果，村两委是政府和村民共同选择的结果。两者能够相容的地方就是村民们公认的第一个条件——公道。村民们所公认的两个条件实际上界定了村民骨干与村两委的关系。村民骨干首先是村民的一分子，他也参与村两委的推选，而推选的结果中就包含了他的选择：相信并愿意服从村两委执行政府政策和管理村务。如果村民骨干还具有公道的特点的话，他就有可能协助村两委做一些工作，也有可能带领其他村民进入市场。

因此，在扶贫开发中，紧紧依靠村两委是扶贫部门必然的选择，提高村两委的能力是搞好扶贫项目的关键因素。同时，面对贫困农户增加收入的需求，也应当把村里有经营才能的富裕户纳入开发的行动中来。

（执笔人：甘肃省扶贫办外资扶贫项目管理中心）

附件1

武都区汉林乡唐坪村灾后重建项目建设规划表

单位：万元

项目名称	项目建设内容和规模	受益范围	总投资	投资来源				
				财政专项	扶贫资金	部门投入	银行贷款	农户自筹
合　计			3289.3	1030	300	37.91	1545	376.4
一、住房建设			2966.4	1030	15		1545	376.4
1. 农户住房重建	重建515户，建房1545间，建筑面积30900平方米	515	2966.4	1030	15		1545	376.4
2. 农户房维修								
二、基础设施建设			244.2		217.5	26.7		
1. 灌溉								
2. 人饮	建水窖61眼，埋设管道7500米，维修200立方蓄水池1个	515	26.7			26.7		
3. 道路	建村级道路6.8公里，按四级公路建设	515	98.55		98.55			
4. 供电								
5. 沼气池	维修受损沼气91个，新修沼气300个	391	40.55		40.55			
6. 太阳能								
7. 巷道排水渠及铺沙	建主巷道排水渠750米，支巷道排水渠3000米及道路铺沙	515	40		40			
8. 护村沟道治理	建谷坊两座，排水渠500米	515	38.4		38.4			

续表

项目名称	项目建设内容和规模	受益范围	总投资	投资来源				
				财政专项	扶贫资金	部门投入	银行贷款	农户自筹
三、公共服务设施			11.21			11.21		
1. 学校								
2. 卫生所								
3. 活动室								
4. 文化广场硬化	硬化文化广场2670平方米	515	11.21			11.21		
四、产业开发			50		50			
1. 种植业	栽植核桃4825亩	515	20		20			
2. 养殖业	发展繁育母猪100头，种公猪1头，育肥猪930头	515	30		30			
五、心理重建和能力建设			17.5		17.5			
1. 培训	开展农民工劳动技能培训500人	500	15		15			
2. 政策宣传								
3. 心理辅导								
4. 科技培训	培训农民技术员500人	500	2.5		2.5			

附件 2

武都区 汉林 乡 唐坪 村灾后重建项目建设规划任务完成情况表

单位：万元

项目名称	项目建设内容和规模	受益范围	总投资	投资来源						
				财政专项	扶贫资金	部门投入	社会捐赠	银行贷款	农户自筹	来源合计
合　计			4992.37	1030	245.3	211.92	152.85	773	2579.3	4992.37
一、住房建设			4494.35	1030			116.35	773	2575	4494.35
1. 农户住房重建	重建 515 户，建房 2060 间，建筑面积 41200 平方米	515	4494.35	1030			116.35	773	2575	4494.35
2. 农户房维修			0							0
二、基础设施建设			339.72		223.3	84.92	31.5			339.72
1. 灌溉			0							0
2. 人饮	建水窖 125 眼，埋设管道 7500 米，维修 200 立方蓄水池 1 个	515	28			28				28
3. 道路	建村级道路 14.3 公里	515	121.5		98		23.5			121.5
4. 供电	移栽村内电杆 18 根，安装支高架 3 个，维修改造线路 1500 米		10			10				10
5. 沼气池	维修受损沼气 91 个，新修沼气 300 个	391	95.92		41	46.92	8			95.92
6. 太阳能	购置太阳灶 515 台	8.8	8.8		8.8					8.8
7. 巷道排水渠及铺沙	建主巷道排水渠 750 米，支巷道排水渠 3000 米及道路铺沙	515	37.5		37.5					37.5
8. 护村沟道治理	建谷坊两座，排水渠 500 米	515	38		38					38

续表

项目名称	项目建设内容和规模	受益范围	总投资	投资来源						
				财政专项	扶贫资金	部门投入	社会捐赠	银行贷款	农户自筹	来源合计
三、公共服务设施			47			47				47
1. 学校	维修学校一所	2 乡 8 村	10			10				10
2. 卫生所	新修卫生室 3 间 60 平方米		10			10				10
3. 活动室	新修	140	17			17				17
4. 文化广场硬化	硬化文化广场 1800 平方米	515	10			10				10
四、产业开发			109.3		20	80	5		4.3	109.3
1. 种植业	栽植核桃 5550 亩	515	80			80				80
2. 养殖业			0							0
3. 村级互助发展基金		25	29.3		20		5		4.3	29.3
			0							0
			0							0
五、心理重建和能力建设			2		2					2
1. 培训			0							0
2. 政策宣传			0							0
3. 心理辅导			0							0
4. 科技培训	培训农民技术员 860 人	500	2		2					2

第四章

陕西省贫困村灾后恢复重建中多部门协作机制的调研报告

——以汶川地震后陕西四县区的重建工作为例

自然灾害与贫困历来紧密相连。自然灾害的致灾范围和程度，不仅取决于自然环境因子灾变的强度，也与灾区生态环境的脆弱性和社会承灾能力关系重大。因此，贫困地区往往就成了自然灾害的多发区和重灾区。2008 年四川汶川 5 · 12 特大地震，给四川及其邻近的甘肃、陕西的贫困地区造成了巨大损失，使本已救助脱贫的群众又一次因灾致贫、返贫，扶贫开发工作的任务和难度进一步加大。

为了最大限度地减轻震害，尽快恢复灾区群众的正常生产生活，党中央、国务院举全国之力，组织各级党政部门、动员社会各方力量开展了抗震救灾工作。国务院及各级抗震救灾指挥部在全面部署地震应急和灾后恢复重建工作中，明确做出了将扶贫开发与防灾减灾、灾后重建相结合的指示，有重点地强化了贫困村的灾后重建工作。

震后一年多来，在国务院扶贫办及灾区各级党委和政府的统一领导和综合协调下，众多政府部门和社会各方群策群力，重灾县区贫困村的灾后重建工作已取得了可喜的阶段性成果，也积累了不少实践经验。为了认真总结前一阶段的经验教训，进一步搞好后期的重建工作，进而探索扶贫开发与防灾减灾、灾后重建相结合的有效机制，根据国务院扶贫办灾后重建办的要求，我们组织开展了陕西省贫困村灾后重建中多部门协作机制的专题调研工作。调研工作以陕西省四个重灾县（区）为例，从实地调查灾后重建工作入手，总结了灾区县、乡（镇）政府及其职能部门在震后重建中的相互协作的具体做法和成效，并进一步探索了灾后重建中多部门协作机制的创新问题。

一、贫困村灾后重建中多部门协作机制研究的背景

（一）灾情背景

1. 当前全球面临自然灾害加剧的趋势

数十年来，特别是最近十多年来，伴随全球性的气候变暖，世界性的生态环境正在经历着一场灾害性的变异。自然灾害日趋频繁，灾害损失成倍增加，干旱、洪涝、强热带风暴、地震、海啸、地质灾害等的强度和范围均在异常增大。灾害已经和正在威胁着许多国家和地区公众的生命安全和经济社会的发展，发展中国家特别是其贫困地区更是首当其冲。如何实现扶贫开发和防灾减灾工作的有机结合，已成为人们普遍关注的一个问题。

2. 陕南秦巴山区是陕西防灾减灾工作的重点地区

陕南秦巴山区是陕西贫困人口集中分布区域之一，也是陕西山地自然灾害群、链的多发区和重灾区。在最近十几年中，该地区由于自然环境脆弱，群众相对贫穷，承灾能力低下，一场不很大的暴雨即可触发山洪——滑坡——泥石流三灾并发，造成出乎人们意料的伤亡和损失。

（二）防灾减灾

自然灾害特别是重大自然灾害，往往会造成社会全方位的破坏和损失（人员伤亡、经济损失、社会功能瘫痪、生态环境破坏等），因此，防御和减轻灾害是一项庞大的社会系统工程，只有建立和完善以政府主导、部门协作、社会参与的减灾体制和相应的运行机制，才能有效地、最大限度地减轻灾害。这样的认识虽然已是普遍的共识，但在应对灾害的实践中却往往难于兑现，其中一个十分重要的原因就是缺乏一套科学的、因地制宜的综合协调和部门之间的协作运行机制。

美国、日本等发达国家是在灾害管理（包括灾后重建工作）方面抓得好、抓得早的国家，他们从 20 世纪六七十年代起就开始抓灾害的综合管理和立法，陆续出台了一系列国家的、地方的、综合的和单项的法律、法规和办法，而且多在重大灾害之后都加以补充、修订，使之更加实用。但终因社会制度、管理体系以及文化的差异不可照搬。我国台湾地区也于多年前制订了“自然灾害综合法”，其中一些做法值得参考。2008 年汶川地震后至今，我国的抗震救灾和灾后重建工作受到国际、国内的普遍赞扬，灾区群众也是满意的。深入总结这些经验包括各部门各方面协作搞好重建工作的经验，可以为灾后重建中多部门协作机制的进一步完善提供借鉴。

（三）扶贫开发

在汶川地震灾后恢复重建中，国家对贫困地区给予了高度重视和重点支持，要求将扶贫开发与防灾减灾、灾后重建相结合，这为扶贫开发工作的进一步拓展指明了方向，也是对扶贫部门的极大信任和支持。深入总结这次贫困村灾后重建工作的经验，对于搞好今后的扶贫开发工作无疑具有重要的意义。

二、多部门协作机制研究的工作方法和过程

陕西省贫困村灾后重建中的多部门协作机制的专题研究工作从 10 月上旬开始到 11 月上旬正式提交研究报告，历时一个月，全过程大体分为三个

阶段：

第一阶段：制定实施方案、组建调研队伍、文献检索、收集资料。

研究小组由12人组成。陕西省扶贫办副主任贺昌信任组长、农村基本建设处（灾后重建办）处长赵光荣任副组长，聘请省减灾协会、省地震局的两名高级工程师具体负责开展研究工作，省扶贫办农村基本建设处相关工作人员，汉中市、略阳县、宁强县扶贫办主任或分管副主任及相关工作人员参与了调研和相关资料的整理工作。

在这一阶段，先后收集查阅了国内外部分有关灾害管理特别是灾后恢复重建的文献；参阅了国务院扶贫办组织编写的贫困村灾后重建培训资料；收集研究了省、市和相关县、区的相关文件和材料；对工作区内灾后重建的做法做了总体分析，并做了调研问卷设计等实地调查的准备工作。

第二阶段：实地考察调研。

先后同汉中市、宝鸡市及略阳县、宁强县、勉县、陈仓区扶贫办负责同志进行了座谈和交流；对2个乡（镇）及6个贫困村的干部及10多名县乡扶贫干部进行了访谈；发放调查问卷50份，回收有效问卷42份；进行了投票式测评，有40人参加；实地考察了两个贫困村的灾后重建项目（见表1）。

第三阶段：室内分析研究，撰写调研报告。

三、四个重点县区贫困村灾后恢复重建工作的基本做法和初步成效

（一）四县区的地震灾害及灾后恢复重建工作概况

5·12汶川地震后，汉中市的宁强、略阳、勉县和宝鸡市陈仓区的地震烈度达到七度，略阳县局部地方甚至达到八度。在这里，地震造成山体滑坡、大量房屋倒塌或严重毁坏，农田、水利、交通、电力等基础设施均有程度不同的破坏，部分生命线工程也被毁坏，经济损失达244499.38万元。造成严重破坏的主要原因是，过去这里的地震烈度划为六度，工程建筑一般都没有采取相应的抗震措施。加之这里属于贫困山区，生态环境差，村民居住条件简陋，又处在秦巴山区地质灾害多发地区，抗御灾害能力低下，所以地

表 1　汶川地震陕西省四个重灾县区人口伤亡与农村住房受损情况统计表

县区	受灾人口(万人)	死亡人口(人)	受伤人口(人)	失踪人口(人)	转移安置人口(人)	农村住房受损情况（不含乡、镇所在地）									
						倒塌农村住房			严重受损农村住房			一般破坏农村住房		经济损失小计（万元）
						户数（户）	间数（间）	经济损失（万元）（按照 800 元/平方米计算）	户数（户）	间数（间）	经济损失（按照 800 元/平方米计算）	户数（户）	间数（间）	
宝鸡市陈仓区	41.07	7	251	0	82500	648	2226	3445.2	2738	8262	10670.4	7505	20381	14115.6
汉中市勉县	37.32	7	159		35510	2369	6539	10462.4	10263	26222	41955.2	27565	62476	52417.6
汉中市略阳县	20.23	10	159	0	148967	2803	8202	21197.32	9017	24948	45986.86	31323	101385	67184.18
汉中市宁强县	24	11	636		207243	4400	15702	28598	12196	39092	82184	45047	146333	110782

注：表中数据引自陕西省民政厅。

震破坏更加严重，被国家确定成为陕西省的四个地震重灾县区（见表1）。在这四个重灾县区中，列入《陕西省扶贫开发工作重点县重点村名单》（2001～2010年）的有507个村。按照国家对贫困地区的地震灾后恢复重建工作的总体部署，陕西省扶贫办组织编制了贫困村灾后重建规划并对规划实施试点及面上实施工作做了安排，目前，已经完成了第一批6个试点村的灾后重建工作，完成了第二批8个试点村项目计划编报、下达等工作，部分项目已经启动实施，面上村的实施计划也已经落实，启动的村占到了规划村的70%以上。

（二）省、市政府对四县区重建工作的指导与支持

1. 省抗震救灾指挥部对四个重点县区的震后重建工作优先安排，组织多部门、多渠道的资金投入和对口指导

为解决灾区群众的实际困难，省政府常务会议研究决定，农村居民倒危房屋重建，在国家每户补助1万元的基础上，省上再补助5000元，市、县每户补助5000元；对住房受损需加固的农户，除执行中央有关补助政策外，每户再补助1000元，省市县按5∶3∶2比例分担；重建对象中的特困户，省上再给每户补助1万元。重建期间，共筹集重建资金20.70635亿元，其中：中央重建款10亿元、省财政重建资金7.9592亿元、省红十字会投入募集资金1.81315亿元、扶贫资金8340万元、省慈善协会投入募集资金1000万元。截至2009年8月底，全省灾区农村民房开工12.1362万户，已竣工12.1008万户，占重建总任务的99.6%；一般损坏房屋的修缮任务已于2008年年底全部完成。

省扶贫办以贫困村灾后重建为重点，对四县区的工作给予了积极的支持，主要完成了以下几方面的工作：

（1）制定了四个重灾县贫困村的灾后重建总体规划，组织安排了四个重灾县试范村以外的501个贫困村的灾后重建工作。

（2）制定了受灾特困户住房重建资金补助方案，在地震灾区安排了灾后恢复重建专项项目。一是安排专项扶贫移民开发项目资金1500万元，搬迁1645户，6775人。二是下达了特困户灾后住房恢复重建项目补助资金2000万元，用于补助2000户特困户建房，涉及65个乡镇264个贫困村。

（3）按照国务院扶贫办灾后重建办的安排，组织开展了宁强、略阳、勉

县和陈仓区4个重灾县区的贫困村灾后恢复重建试点工作。

第一批6个试点村灾后重建总投资8524.2万元。其中：农户住房建设投资5344.6万元、基础设施项目投资2029万元、生产恢复项目投资523万元、能力建设项目投资36.9万元、环境整治项目投资237万元、公共服务设施项目投资353.7万元。资金来源为：财政扶贫专项资金500万元；部门项目资金2820.9万元；社会援助资金692万元；农户自筹及投工投劳2965.3万元；银行贷款及其他投资2491万元（含UNDP每村36.5万元，共146万元）。目前，第一批试点项目规划的住房和主要基础设施项目建设已全面完成。年初安排的用于试点村村内小型基础设施、环境整治和建立互助资金的联合国开发计划署项目也已基本完成。

第二批试点计划安排的4个县8个村，已下达财政扶贫资金建设项目计划，安排落实了761万元的建设资金，村均投资达到了95万元。其中财政扶贫资金400万元，市县配套17.5万元，部门捆绑资金119万元，群众自筹资金224.5万元；部分项目已实施。与香港乐施会合作项目的访点、项目建议书提交工作已经完成。

（4）经与省发改委、建设厅等部门衔接，将贫困村灾后重建项目规划纳入全省灾后重建总体规划。国家下达我省贫困村灾后重建项目资金2.3亿元，其中宁强县8940万元、略阳县5700万元、勉县5400万元、陈仓区2960万元。目前已落实到规划内贫困村的资金占到50%以上。

（5）2008、2009两个年度共下达4个重灾县区扶贫开发重点村建设投资计划20840万元，其中财政扶贫资金2840万元，争取部门投资和群众筹资18000万元，启动了114个灾后重建重点村的建设项目，村均投资达到180万元以上。

（6）整合扶贫移民资金、农村饮水项目资金、道路建设、沼气建设等各部门的项目资金，启动实施了230个规划内贫困村的灾后重建项目。

2. 市政府各部门的支持指导

（1）汉中市扶贫办的做法：

①主动与规划、城建、国土、交通、水利、电力等部门搞好工作协调，共同研究和制定了本市的贫困村灾后恢复重建项目规划及实施方案、动员和组织群众投工投劳，抓紧组织项目实施。

②与发改委协商，使市上的移民搬迁与灾后重建配合进行。

③将贫困村灾后恢复重建与整村推进贫困村建设相结合，加大资源整合力度。

④组织完成了两批试点村的重建规划编报。

⑤组织编制了市、县、村扶贫互助资金项目规划及实施方案。

（2）宝鸡市政府的做法：

①市政府出面成立7个灾后重建工作组，市级领导1人分管1个方面的工作，由14个部门合作，在对比、分析、研究各县、乡、村制定的贫困村灾后恢复重建规划的基础上，从7个方面制定出全市77个受灾村的灾后恢复重建规划。

②宝鸡市委、市政府成立8个扶贫工作队，深入西部山区各乡镇开展驻村扶贫，帮助农民增加收入。共实施项目600多个，为西部山区争取各方面资金2000多万元。市级各部门将相关项目、资金捆绑起来集中用于西山“扶贫特区”建设，加大了贫困村的灾后重建投资力度。市委组织部、市人事局、林业、农业等部门组织本系统专业技术人员深入西部山区，为贫困村灾后重建提供技术指导。市房管局、中小企业局动员企业为西山捐款450余万元，团市委、市妇联组织青年企业家、女企业家为西山捐款20余万元。社会各界特别是很多民营企业家动用个人财富积极参与、支持了贫困村的灾后重建与扶贫开发工作。

③建立了西部山区项目、资金“直通车”制度。

（三）汉中市略阳县的灾后重建工作概况

略阳县辖21个乡镇，183个行政村，20.3万人，县境内山大沟深，地质地貌复杂，自然灾害频发，农村基础条件较差。5·12地震造成人口死亡10人，伤159人，县城95%的房屋受损，60%成为危房。农村房屋受损共计82225间，其中倒塌1306户4758间，涉及2.76万户10.65万人。全县地质灾害加剧，基础设施严重受损，经济损失达30.11亿元。

1. 灾后重建工作的主要做法

（1）成立了由县委书记为组长，政府主要领导、分管领导为副组长、相关部门负责人为成员的农村灾后恢复重建工作领导小组，县委办、政府办作为领导小组办公室，较好地协调解决了贫困村灾后恢复重建中各部门之间的协作问题。

（2）县扶贫办、综合开发办、项目办三个机构合并为一套人马，三块牌子，统管贫困村灾后恢复重建工作。

（3）县扶贫办成立了贫困村灾后重建试点村规划编制组。在进村挨户了解灾情和农户意愿的基础上，通过召开座谈会，发放问卷形式征求乡镇、村干、群的意见，归纳整理形成初步规划后，二次交村民大会讨论修改定稿。随后县上召开县委、人大、政府、政协等多部门负责人参加会议，汇集多方面的专家和领导，共同研究论证试点村的灾后重建规划项目，从资金筹集渠道、保障措施等逐项讨论，最终形成试点村的灾后恢复重建规划。

（4）县扶贫办抽调精干力量，组成了两个试点村的灾后恢复重建工作指导组，对实施的重点贫困村重建试点项目，实行一名县级领导牵头、一个部门包抓、一班人员指导、一套班子落实的“四个一”工作机制，逐项目夯实了试点工作包抓责任，使试点工作事事有人管，实施项目个个有人抓，有效地保证了试点工作的顺利开展。

（5）按照先群众住房、后基础设施、再产业发展的建设顺序，推进贫困村灾后重建规划项目实施。

（6）提出灾后重建坚持“三捆绑”“四结合”“五到村”的开发新机制，确保贫困村灾后恢复重建规划项目的实施。三捆绑：即指围绕贫困村重建规划，推行重建项目、资金、人力三捆绑。四结合：坚持试点村重建与改善农村基础设施条件、贫困村生产生活条件相结合；与农业产业结构调整相结合；与农村精神文明建设相结合；与凝聚各方力量相结合。五到村：指在灾后恢复重建中，必须做到水、电、路、通讯、广播电视到村入户。

（7）在争取上级扶持资金和社会援助资金的同时，尽力整合各部门的项目资金，向试点贫困村倾斜，集中扶持试点村的重建工程。

（8）在灾后重建项目资金管理上，严格执行中央省市重建项目资金管理制度，设专人管理，定期公布，自觉接受群众监督。

2. *初步成效*

略阳县紧扣多部门协作这一重要环节，在一年半的灾后重建工作中，多渠道筹集重建项目资金取得了可观的成效，从而保证了试点乡试点村灾后重建项目的实施，具体数据见表 2、表 3。

表 2　　略阳县试点乡镇整乡推进扶贫开发试点重建项目投资表　　单位：万元

乡、村名	项目名称	扶贫办	自筹	贷款	代赈	多部门投资	社会帮扶	合计
西淮坝乡	基础设施建设	152	185.3		479	1691		2507.3
	人居环境整治	334	1355	356	135.6	29		2209.6
	扶持产业增收	102	533.54	200		382.5		1218.04
	农户技能	27	27			14		68
	公共服务设施					280.2		280.2
	投资合计	615	2100.84	556	614.6	2396.5		6282.94
试点乡	基础设施建设	352		356.3	1094	3343.25	5	5150.55
	人居环境整治	590	1663.5	356	135.6	109	15	2869.1
	扶持产业增收	222	998.54	400		577.5		2198.04
	农户技能	51	49			40		140
	公共服务设施		7.5			383.2	2	390.7
	投资合计	1830	2718.54	1112.3	1229.6	4452.95	17	11343.39

表 3　　略阳县两个示范村完成灾后恢复重建投资任务情况表（%）

村名	农户住房建设	基础设施建设	产业开发	能力建设	环境整治
马蹄湾村	149.2	102.1	26.3	50	112.4
秦家坝村	98.9	96.1	63.1	75	58.3

（四）宝鸡市陈仓区的灾后重建工作概况

1. 主要做法

（1）区政府成立了灾后重建领导小组，由区长任组长，6 个副区长为副组长，26 个区级部门的主要领导为成员。领导小组负责统筹安排、统一指导、协调全区灾后重建项目建设工作。灾后恢复重建工作领导小组办公室设在区发展计划局，负责组织落实领导小组的决定，承担领导小组日常工作，协调管理灾后重建项目实施。全区所有灾后恢复重建项目均实行政府统一领导，部门协调配合、分工负责的管理体制。

（2）采取了联席会议制度、定期检查、通报制度和专项协调议事制度来推进灾后重建工作。

①坚持联席会议议事制度：区政府不定期召集 17 个项目主管单位和相

关镇人民政府主要领导召开联席会议，研究、协调、解决灾后重建工作中项目安排、资金分配等困难和问题，截至目前已召开5次。

②建立定期检查、通报制度：对灾后恢复重建工作实行周报进度、月检查、季度通报工作制。通过区广播电视台、陈仓报讯、灾后重建推进会、政务公开电子宣传栏等媒体广告及时通报全区灾后重建工作进度。对任务完成好、质量高的单位进行表彰，任务完成差的单位在区电视台要做表态发言，用这种形式推动全区灾后重建工作顺利进展。

③召开专题会议，协调解决3704户村民灾后房屋重建和教育、卫生机构重建等重大项目的征地、拆迁问题。由组织、纪检、监察、灾后重建办等相关部门组成督查组深入建设现场，限期解决突出问题，推动了整体灾后重建工作进展。

（3）区扶贫办成立了灾后重建工作领导小组，在贫困地区灾后重建中发挥了主导作用。

①组织编报了全区贫困地区的灾后重建规划。

②指导编制了60个村移民点道路硬化项目实施方案和92个贫困村灾后重建实施方案。

③制定了《灾后重建项目管理办法》，管理指导全区灾后重建工作。

（4）区扶贫办与其他部门沟通协商，协助村级组织争取交通、水利、农业、民政等有关部门项目的资金支持，并为村民建房落实信贷资金。

2. 初步成效

已建成通村公路330公里、饮水工程20处、新栽经济林13万亩；组织劳务输出30150人，实现劳务收入7700万元；实施移民搬迁6282人；新建寄宿制学校54所；各类扶贫项目累计完成投资1.5亿元，是西部山区前16年的总和。

（五）略阳县马蹄湾乡的灾后重建工作概况

主要做法有：

1. 乡党委、政府成立了以乡长为组长、党委副书记和分管副乡长为副组长的灾后恢复重建试点工作领导小组。

2. 乡政府将扶贫办、项目办、综合开发办三者合一，合署办公，一套人马，三块牌子，统一管理贫困村的灾后恢复重建工作。

3. 乡政府、村委会联合召集村民大会，发放灾情调查表，由村民填写，收齐后汇总，统一标准进行对比分析，统计评定，分出贫困、中等、富裕三类，并向村民公示，以示公正。

4. 联合各有关部门与单位，对村中的基础设施和公用设施进行评估，为马蹄湾村的灾后重建规划项目编制奠定了基础。

5. 乡政府集中组织干部下示范贫困村指导灾后重建。乡、村干部分片包户，落实包抓任务。每天到户蹲点督查，掌握各户实际情况，帮助农户解决实际困难和问题。

6. 乡干部每天召开分片碰头会，研究解决当天存在的问题。实行每周一和周四乡、村两级干部定期通报施工进度。

（1）将包抓重建户进度与干部年终考核挂钩，并采取相应的奖惩措施。

（2）针对重建资金缺口，村、乡干部上下联合，主动争取水利、交通、代赈、科技、农业等部门的项目配套整合。

（3）在省纪委的帮助下，为马蹄湾村争取到陕西华奥公司捐助100万元，中国红十字会捐助33万元。

（4）乡、村干部成立帮扶队，帮助缺劳户、特困户抓环境建设，保证施工进度。

（5）示范村的一些分散户重建施工有困难时，乡政府出面组织施工突击队援建。

（6）为解决建材运输问题，乡领导亲自带村干部到西安铁路局请求支援，使水泥和砖可在马蹄湾火车站卸装。并联系钢材销售商，在马蹄湾村设点销售，方便群众。

（7）针对下雨涨水过江难的问题，乡党委、政府组织力量恢复码头，搭船调运建材。

（六）略阳县马蹄湾乡马蹄湾村的灾后恢复重建工作概况

马蹄湾村共4个村民小组，205户，886口人。133户贫困户，575人。属于2003年启动的贫困村。地震使该村房屋倒塌92户、受损113户，损失423万元。作为贫困村的灾后重建试点，规划重建项目六大类，预算投资1190万元。

1. 主要做法

（1）经村民大会民主推选村民代表，由村干部和村民代表组成施工组、物质组、理财组、监督组和协调组。发动村民投劳、筹资，组织启动全村的灾后恢复重建工作。

(2) 成立了以村支书、村主任为正副组长的项目监测小组和项目实施小组，落实工作责任，村干部和党员分户包抓灾后重建，为灾后重建项目的顺利实施和全面推进强化了组织保障。

(3) 针对农户资金困难问题，村干部及时向乡党委、乡政府及金融部门汇报，争取支持，帮助村民落实担保，办理贷款手续。面对建材紧缺，村干部向联乡包村的帮扶单位请求帮助，共同设法化解难题。

(4) 灾后恢复重建共投资1464.7万元，其中扶贫专项资金136.5万元，部门投资535.8万元，社会援助138万元，农户投资498.8万元，信贷资金155.6万元。农户自筹加信贷资金两部分占投资44%，多渠道投入占56%，扶贫专项投资占9.3%。

2. 初步成效

重建92户，其中集中安置22户。维修113户530间，完成投资902.6万元。

基础设施完成投资348.3万元。建成人饮工程4处，解决170户人饮水困难。恢复低压线路1.6公里，新架农电3公里，拓宽改造村组道路12公里、入户水泥路和安置点人行道6.1公里、安置点人行道铺彩砖、装路灯；修建150米河堤、便民桥1座、沼气池21口；新建花坛、绿化地等。

增收产业发展投资82.5万元。完成发展生猪826头，种植药材460亩，核桃120亩，建立互助资金协会，筹集互助金21.65万元。

人居环境整治投资86.2万元。其中实施一建三改120户，新修、维修厨房101户，改圈105户，改厕106户，硬化庭院106户，高标准完成了56户一建三改示范户的环境建设。修建水泥村道907米，新建村护坡、挡墙、排水等，人居环境得到改善。

公共服务设施投资39.1万元（含天津特殊党费），新建村卫生室三间，4间二层村级活动室。天津援建投资196万元，建成中心小学教学楼。

农户能力建设共投资6万元，完成劳动力转移培训11人，农业实用技术培训640人。

(七) 略阳县接官亭镇亮马台村灾后恢复重建工作概况

该村有3个村民小组，252户，1000多人。地震造成6户房屋倒塌，45户危房，村中电、路、桥及农田、水利等基础设施都遭到一定程度的破坏。

震后政府向村民发放了救灾物资和上万斤粮食。

1. 主要做法

县、乡两级政府从整村推进的工作思路上考虑，将亮马台村选定为扶贫综合开发试点村。因此该村既是全国农村综合开发试点村，也是贫困村灾后重建试点村，又是新农村建设试点村。集中各方资金投入，弥补了灾后恢复重建资金缺口，使村民住房、村组道路、村中基础设施、公共服务设施、产业发展和村容、村貌等从整体上得到了改变。

（1）列入国家综合开发试点村，投资 569 万元，主要用于山地综合治理、农田灌溉、河堤、道路修建、石滩地改造、大棚菜、林果树木种植等方面。共投入土地治理、环境整治基金 100 万元。

（2）实施住房重建和环境改善项目，国家补贴 100 多万元，每户享受建房补贴 2 万元，生活补贴人均 1800 元，51 户重建户均采取分散重建。新能源办投入 20 万元，用于农户修建沼气池，每户补贴 1000 ~ 2000 元。农户家里有了卫生、宽敞的厨房、厕所和圈舍，做饭用上了沼气。

（3）该村筹集灾后恢复重建资金 1003 万元（见表 4）。村内基础设施、公共服务设施、住房重建、产业发展、环境整治等各个项目都有来自不同渠道的资金投入，较好地解决了灾后重建资金不足的问题。

表 4　　亮马台村灾后恢复重建项目投资表　　单位：万元

项目	重建房屋	移民安置	村水泥路	新能源	新农办	综合开发	互助金	技能	代赈	乡道
经费	100	20	87	100	20	569	5	5	25	72
合计	1003									

2. 初步成效

51 户重建住房已全部完工入住。重建农户的厨、厕、圈、院落均得到改造。新修建机耕路 6 公里，村户通水泥路 2.4 公里。修建河堤、灌溉设施、改造石滩地、发展大棚菜、林果业与药材种植、农户养殖等，还新建了村卫生室、增置了健身活动器材。

四、灾后重建中多部门协作机制的参与式分析评估

为了深入了解基层干部群众对多部门协作机制的认知程度，我们采取答

卷、投票、面谈等方式进行了参与式调查研究。

（一）答卷式分析评估

我们将拟调查的事项归纳为若干个问答题，请受访者回答。共发放调查问卷60份，收回有效问卷42份。参与答卷的有县、乡（镇）、村各级的相关干部，其中县扶贫办干部6人，乡镇扶贫干部19人，村干部17人。

1. 问题一

你认为贫困村的灾后恢复重建工作中多部门协作的关键环节在于：（在所在选项上打√）。

①省级层面　②市级层面　③县级层面　④乡级层面　⑤村级层面

（1）选答结果（见表5）。

表5　贫困村灾后重建多部门协作的关键环节答卷统计表

	县级扶贫干部	乡镇扶贫干部	村干部	合计	所占百分比（%）
省级层面	3	11	9	23	54
市级层面	2	7	6	15	35.7
县级层面	6	17	16	39	92.8
乡级层面	3	5	5	13	30
村级层面	2	5	8	15	35.7

（2）分析：绝大多数人认为关键环节在县级，其次在省级。

2. 问题二

在你所在层面已开展的灾后恢复重建工作中，多部门协作的成效如何？具体表现在哪些方面？

（1）选答结果：见表6、表7。

表6　多部门协作成效答卷汇总表

	县级扶贫干部	乡镇扶贫干部	村干部	合计	百分比例
成效显著	4	11	11	26	61.9%
成效较好	2	4	5	11	26.2%

表 7　　贫困村灾后重建中的参与部门答卷汇总表

协作部门	扶贫	农业	林业	交通	卫生	教育	组织	金融	代赈	水利	土地	其他
选答人数	14	15	6	23	12	9	5	3	13	21	5	26
所占百分比（%）	45.1	48.3	19.3	74.2	38.7	29.0	16.1	0.10	41.9	67.7	16.1	83.9

注：“其他”是指县养老中心、中药局、能源办、新农办、计划、广播、司法、建设、畜牧、通讯、红十字会及社会组织等多个协作部门和单位。

（2）分析：大多数人认为贫困村灾后恢复重建工作中多部门协作成效显著，在贫困村的灾后恢复重建中发挥了重要作用。关于具体表现问题，有 11 份问卷未具体填写协作部门，其余 31 人明确提到的协作部门、单位共计 23 个。

3. 问题三

你认为在贫困村灾后恢复重建工作中建立多部门协作机制需要重点解决的问题是什么？建立什么样的协作机制更有利于重建工作的开展？

（1）选答结果：见表 8。

表 8　　多部门协作需要重点解决的问题答卷汇总表

选项	资金	移民和住房	基础设施	公共服务设施	产业发展	生产技能
选答结果	33	14	25	15	6	3

（2）分析：多数人认为多部门协作主要是解决争取协作项目和资金，在立项中要重视基础设施建设和公共服务设施建设问题。

4. 问题四

在已开展的灾后恢复重建多部门协作工作中，扶贫办发挥了什么作用？具体表现在哪些方面？

（1）选答结果：见表 9。

表 9　　扶贫办发挥的主要作用选答汇总表

主要作用	编制规划	资金整合	协调联络	督促监管	检查指导
选答结果	30	33	36	23	10

（2）分析：多数认为扶贫办主要在协调联络、资金整合与编制规划方面发挥了作用，其次是在督促监管和检查指导方面发挥了作用。

5. 问题五

你认为要建立贫困村灾后恢复重建工作多部门协作机制，扶贫办的角色定位是什么？主要应做哪些方面的工作？

（1）选答结果：见表10。

表10　　扶贫办的角色定位选答汇总表

角色定位	牵头主导	桥梁纽带	监督管理	综合协调
选答结果	24	18	11	3

（2）分析：半数以上认为扶贫办在建立贫困村灾后恢复重建工作多部门协作机制中应处于牵头、主导地位，42.8%的人将其定位于桥梁纽带作用，少数人认为应定位在监督管理和综合协调方面。

6. 问题六

你对建立贫困村灾后恢复重建工作的多部门协作机制还有哪些想法和建议？

在42人的问卷中，有32人对建立多部门协作机制提出了各种建议：

（1）应当进一步明确扶贫办在多部门协作机制中承担贫困村灾后恢复重建工作的协调管理职责（11人）。

（2）贫困村的灾后恢复重建应当防止形式主义，注重质量和长远效果，提高整体效益（14人）。

（3）成立灾后恢复重建工作组，具体承担贫困村重建工作，建立完善责任制，实行问责制，包抓各项目的实施（5人）。

（4）积极开展多样化的部门协作，为贫困村争取更多的外援（10人）。

（5）想办法加大项目资金扶持力度，解决一些项目资金不到位、投入不足、项目不能完全实施到位的问题（24人）。

（6）扶贫办应加强与多部门之间的沟通，重点是协作资金捆绑问题（6人）。

（7）乡政府应当配备专职扶贫干部（3人）。

（8）灾后重建应当关注边远地方的贫困村，加大对低保户、贫困户的扶持力度，对农户新建房屋延长贴息时限，减轻农民负担（8人）。

（9）灾后恢复重建中涉及部门多，希望简化工作程序，建议最好实行现场办公方式（6人）。

（二）投票式分析评估

将拟调查的问题列出几种可供选择的答案，让参与者投票（打勾）选择，共列出了五个选择题，30 人参加投票，投票结果如下：

1. 问题一

（1）问题：在已开展的重建工作中，多部门协作的主要成效是什么？（共 3 个选项）

（2）投票结果见表 11。

表 11　多部门协作的主要成效投票结果统计表

选项	整合资金向贫困村倾斜	编制规划	落实专项资金
得票数	16	9	13
所占百分比	53	30	43

2. 问题二

（1）问题：多部门协作中需要解决的重点问题是什么？（共 4 个选项）

（2）投票结果见表 12。

表 12　多部门协作需要解决的重点问题投票结果汇总表

选项	确定牵头部门	建立县级包抓问责制	省市出台政策文件	依据规划合理分配资金
得票数	5	11	10	5
所占百分比	16. 6	36. 6	33. 3	16. 6

3. 问题三

（1）问题：建立什么样的多部门协作机制更有利于工作开展？（共 3 个选项）

（2）投票结果见表 13。

表 13　什么样的机制更有利于开展多部门协作投票统计表

选项	联席会议制度	成立专门领导小组	定期协调督办制度
得票数	12	10	6
所占百分比	40	33. 3	20

4. 问题四

（1）问题：各级扶贫办在多部门协作中的地位和作用（共 5 个选项）。

（2）投票结果见表 14。

5. 问题五

（1）问题：你对健全多部门协作机制有何建议？

表 14　　扶贫办发挥的作用投票汇总表

选项	牵头	沟通协调	编制规划	信息收集	指导监督
得票数	8	7	10	5	9
所占百分比	26.6	23.3	33.3	16.6	30

（2）投票结果见表 15。

表 15　　关于健全多部门协作机制的建议汇总表

建　议	得票数	所占百分比
要进一步强化财政扶贫专项资金的主导作用	25	83.3
要按照群众需求编制好参与式规划	10	33.3
各级政府应建立贫困村的灾后恢复重建工作激励考评机制	13	43.3
简化灾后重建扶贫项目资金审批程序	18	60
进一步强化各级扶贫部门的职能作用，乡村要积极主动做好基础工作	6	20

（三）访谈记录与意见汇总

1. 贫困村村干部的访谈摘录

（1）宁强县白家坝村支书蒲含华讲：全村 259 户，房屋倒塌的 142 户，危房 63 户，轻微破坏的 54 户。地震发生后的做法是：村支书、主任立即组织召集党员、群众代表十余人成立了工作组，挨家挨户走访，逐户评估灾情，当面记录，并让农户当场签字。将灾情评估结果向全村张榜公布，充分体现公开、公平和公正。灾后评估涉及地震、地质、建筑、医疗卫生、教育、交通、水利等行业，为了做好这项工作，县、乡扶贫办统一制定灾害损失情况调查表，其调查内容有：人员伤亡、劳动力丧失情况；房屋、家庭资产、生产工具等物资、资产损失；打工收入、饲养种植业、生产经营损失情况；耕地毁坏、社会入股参股损失；供水、供电、道路、桥梁、学校、卫生机构等公用基础设施损失。

灾后重建中，村上成立了工作组。村干部、党员联系到户，监督拆房，购买建材，打地基、发补贴。该村重建中重新选址户较多，联系由土地管理所、村干部、村组长和农户四方共同实地查看，选定建房新址。为长远安全考虑，统一要求新建户一律不许建预制板房。基础设施建设中，政府投资 30 万元，修通 6 公里道路。解决 2 个村民小组建水窖，每户补助 1000 元。重建项目还得到县养老办和扶贫办100万元、多部门协作解决捆绑资金200万元，加上重建户补贴共计565万元，农户自筹资金300万元，灾后重建取得一定的成效。充分体现了只有多渠道、多部门的多方支援，才能有效地解决贫困村灾后重建中的实际困难。另外受灾农户参与规划编制，可以达到充分体现贫困户个人意愿的目的，深受村民欢迎。但是，由于贫困村多处偏远、落后、信息缺乏的地方，人们的见识少，思路不够开阔，因而会盲目接受来自市、县、乡级政府及扶贫部门的规划建议，各村重建规划设计方案大同小异，导致新建村庄缺乏本村、本地的传统文化特色。

（2）略阳县药木院村主任裴志明说：灾后重建得到来自多方面的援助，刚开始用救灾帐棚，后来建设了25户集中安置点，163个重建户，每户扶贫办补贴2万元，红十字会补贴1.5万元，解决了大问题。地质灾害危及群众安全，台湾海基会援建轻质钢木房，每户发5000元基础费，27户人家得到补助。香港乐施会投入100万元，用于建桥和道路硬化。另外省上拨款、香港红十字会捐助、组织部特殊党费安排、教育部门投资，多部门共同协作，新建了村委会、卫生室以及其他公共基础设施。

（3）略阳县苇子沟村支书罗旭说：在灾后重建项目实施中，扶贫办投入50万元，集中解决30户重建补助。香港乐施会投资100万元，修建便民桥7座。还投资新建村委会活动室、卫生室两层10间。全村改厨、厕、圈、道路硬化、绿化已经完成85%。电力农网改造已列入明年启动。在生产发展方面，烟草局投入70万元，解决了灌溉和机耕路。全村30%的农户从事烤烟，20%外出务工，50%搞养殖、种植。政府关心贫困村，各部门都援助我们，灾后重建改变很大，贫困户的的确确得到了实惠。

（4）勉县高桥沟村支书熊三宝说：地震受灾严重，目前全村还有200余户群众无力修建被震毁的房子。村上欠款筹集建材修了两座小桥。有个别贫困户享受建房补贴后仍然盖不起房。地震造成道路损毁严重，冲垮3公里，现仅建起1公里村道，村上还欠账20万元。大水淹没良田350亩，水利部门投资4万元，修河堤500米。由于住户分散，通户路工程量巨大，列入扶贫项目30万元，投入资金严重不足，至今没有得到解决。

（5）宁强县南屏乡白崖洞村支书赵洪武说，白崖洞村有九个村民小组，是一个贫穷的山村。地震破坏严重，全村10户房屋倒塌，严重破坏、形成危房就有150户，120户房屋裂缝。现已重建和移民搬迁共计299户，1161

人。在公共服务设施重建中，目前还缺乏资金。地震造成7.2公里的山路全部垮塌，至今还没有立上重建规划项目。通乡道路3.2公里，原为断头路，现已修通。村民饮水设施毁坏、农民过去自发修建的蓄水池被震裂，现已建成一处引水工程，可供20户人用，但是距解决全村群众的饮水问题还存在很大差距。全村有三台变压器，目前供电系统仅解决了线路架设和变压器的安装，但放置变压器的房子地震倒塌后，还没有部门投资重建。

（6）宁强县金山寺村干部反映：贫困村重建规划坚持以人为本和全面发展相结合的原则，深入人心，深受村民的欢迎，调动了村民参与的积极性。贫困村灾后恢复重建规划中所列的项目，能够结合村庄规划和新农村建设规划，着眼全村长远发展，从水、电、路、校、村容村貌、产业建设等方面全面入手，广泛听取了村组干部、党员和群众意见。重建中分出轻重缓急，优先解决灾后群众生活、生产急需问题，把房屋重建、人畜饮水、供水、供电作为优先的建设项目，先行启动，先行建设，解决了群众急需问题。全体村民发扬胡总书记在金山寺村题写的“自力更生，艰苦奋斗”的精神，在建设上积极自筹资金，自投劳力，加快了项目的建设进度，取得了实实在在的效果。灾后恢复重建和产业发展中的各类科学技术服务问题，如灾后恢复重建中的安全选址、建设工程的抗震设防要求、水利电力设计、道路规划设计、建材质量、施工质量检查监督、养殖种植产业方面的技术指导、生产技能培训、农产品的深加工等等，都要涉及许多部门和行业，群众需要他们提供全方位的技术服务。在农户生产技能提高上，汉中市组织部、科协、科技局、农业局和综开办还根据农户需要，印制了大棚菜、秸秆应用技术等小册子，发给农户，受到欢迎。

（7）宝鸡市陈仓区坪头村贾年生主任说：全村370户1400余人，位于镇政府所在地。地震中，全村多数村民房屋裂缝，震后120户重建，又接受其他村的移民搬迁150户，维修11户。国家投资250多万元，一般户均补贴2万元，特困户补贴4万元（共13户），维修户补助1000元，其余自筹，现已全部完成，村民已经入住新房。为解决村民饮水困难，水利部门直接组织施工，使得全村的饮水问题得到很好解决。该村耕地少，人均1亩地，为了生产发展，村里集资办养殖场，投资200万元，利用修河堤，圈地30亩建鸡舍，现已完成。滑坡危及30户村民，西部山区建设委员会投资进行滑坡治理，组织移民搬迁，现已立项，每户补助2万元。在灾后重建中，各部门投资612万元，资金来自国土、西部山区建设委员会、扶贫、发改委、财政、私企等，村民自筹630万元。修河堤的200万元就是私企老板和村主任共同投入的。

他还说，灾后重建要区分缓急、突出重点，要从灾区最迫切解决的问题入手。集中力量，优先启动与灾区群众生活直接相关的住房、基本公共服务和基础设施的建设。同时着手尽快恢复生产，并为进一步的发展、提高奠定基础。协作就是要相互衔接、上下协调。要做好国家和地方之间的上下协调，做好各个部门之间和各个规划之间的相互衔接，以及对口支援的相互衔接，共同形成合力，加快恢复重建步伐。

2. 来自基层干部的意见汇总

（1）编制规划要注重实效，防止形式主义。各个贫困村由于受灾损失程度、自然环境、地形、地理位置各不相同，其灾后恢复重建规划的主要项目也应有所区别，因此在编制规划时应当抓住本地急需解决的主要矛盾，例如住房、供水、供电、道路、桥梁等项目优先安排。要坚持科学发展的思路，反复磋商和征求群众意见，制定出切实可行、注重实效的灾后恢复重建规划。

（2）贫困村灾后重建规划编制后，管理层次、审批环节很多，要层层申报，等到规划真正纳入国家总体规划并得到批准后，还需要组织项目落实，又会牵扯到多个部门，等落实恢复重建项目资金投入后，具体实施中，也会涉及不同的部门与行业有不同的具体要求。基层干部希望贫困村的灾后重建工作中，能够尽量简化项目的管理运作程序。

（3）建立和完善多部门协作机制的工作重点，应当放在理顺各个部门间的工作关系，明确各部门职责任务，建立定期开会制度，及时通报沟通工作进展情况，研究协调解决重大问题。要切实确立和发挥扶贫办的主导地位和牵头作用。

目前多数地方政府仅仅将扶贫工作中的多部门协作机制理解为成立由党、政一把手挂帅的扶贫开发工作领导小组，领导小组，由书记和市（县）长出面，市（县）委办、政府办公室出面协调即可解决项目审定、投资数量等问题。经过走访一些县乡扶贫干部，感觉到在目前的体制下，要使贫困村灾后重建中的多部门协作机制在灾后短期时间内起到明显作用，主要体现在规划项目、整合资金两个方面。但是，贫困村的灾后重建工作任务大项目多，涵盖农户的居住、生活环境、水、电、通信、交通、卫生、教育和生产技能、综合开发等各个方面，受灾后最迫切解决的还是经济、物资和心理支持。况且灾区的恢复也有一个长远的巩固发展问题。因此多部门协作的范围应当扩大，应当包括社会群众团体、慈善、福利组织、企业和志愿者等。各级扶贫开发工作领导小组应当注意加强与抗震救灾、综合开发、民政等其他方面的领导小组的衔接，建立起横向协作关系。

（4）镇、村结合，在实施灾后重建过程中，乡镇和村级层面干部，针对重建工作任务重，技术人员紧缺等问题，发挥了积极的组织协调作用。一方面协助村民引进外地建筑企业施工队伍，全面解决技术力量短缺的问题；另一方面广泛组织开展村民互助，组建互助小组，在资金和劳力上相互帮扶，帮助重建户调运砖块、水泥、沙石等建筑材料，帮助产业大户建设厂房和香菇大棚等生产设施，保证了恢复重建和生产自救工作的进度。

（5）多部门协作在贫困村灾后重建资金整合方面有很重要的作用，各级扶贫组织应从各个渠道争取与灾后重建相关的项目资金。宁强县安乐河村共整合资金 1128 万元。其中：政府救灾款 376 万元，国际援助（宣明会）75 万元，信用社贷款 510 万元，试点村重建资金 136.5 万元，扶持产业发展互助金 18.5 万元，以工代赈项目资金 12 万元。

宁强县骆家咀村灾后重建试点村整合资金合计 1188 万元。其中：扶贫重建资金 136.5 万元，其中 UNDP 资金 36.5 万元，财政扶贫资金 100 万元。县移民局、省军区、省科技厅、市规划局、县代赈办等部门和单位的重建项目资金 533 万元，省科技厅 500 万元，用于科技扶持支撑项目，重点解决产业发展难题，增加群众收入。

另外，还有国内组织部门的特殊党费、香港乐施会、国际红十字会、国内外一些知名企业和慈善机构也都纷纷向灾区募捐资金。以上事例表明，通过多部门、多层次、政府、社会、民间、个人之间建立起来的多种多样的协作机制，可以将国家、社会各个不同渠道的救灾资金集中向贫困村倾斜，不仅能提高灾后重建资金的综合使用效益，而且有利于促进贫困地区灾后重建工作的全面完成。

（6）要强化工程资金监管。在规划实施中，大量的救灾资金投入，提升了村级组织的威望。由于村级组织是重建工作的最基层、直接的实施管理者，建立强有力的村级组织，对于发动群众，争取更多的项目资金，保证项目建设的质量和进度至关重要。在短短一年来的灾后恢复重建项目实施中，村委会、村支部在资金管理上，严格执行中央、省、市重建资金管理制度，设立专户、建立专账、落实专人管理，及时报账核销，重大支出集体研究决定，各类专项资金支出定期张榜公示，自觉接受群众监督，增加透明度，让上级组织和援助单位放心，受援群众明白满意。

五、结论与建议

（一）调研得出的几点结论

1. 地震灾害的复杂性决定了灾后重建的多样性，重建工作的综合性又决定了搞好重建工作必须实行统一领导、部门协作、分级负责、政社结合的组织管理体系和运行模式

多部门协作机制的建立和运行，对搞好灾后恢复重建工作已经和将要发挥极其重要的作用。在地震后特别是大震后的重建工作中，各级政府均应有一个权威性的领导机构（可以是抗震救灾指挥部直管，也可以单设震后恢复重建工作领导小组），统筹部署工作，综合协调运行，加强督促检查。略阳县的组织管理模式具有普遍推广的意义（当然要进一步完善）。在部门合作中，既要提倡协作精神，也要强调分工和独立负责职能，还得明确主管部门及其综合协调职能。

2. 部门协作的内涵似应拓宽

灾后重建工作涉及面很广，确需政府主导，社会参与，以人为本。灾后重建工作的关键问题是，既要以人为本，发动灾区民众自力更生，艰苦奋斗，也要积极争取外援。争取援建项目、解决资金的来源问题显得尤为关键。一个贫困村在灾后恢复重建中能争取到多方的援建项目，能整合近千万元，如果没有社会各方面的支援，仅靠政府涉灾部门的资助是远远不行的。因此，我们在研究部门协作机制时，应进一步拓宽视野，深入研究已经出现的新情况、新问题，尽可能多的争取各方的支持。

3. 要继续深入研究多部门协作中的长效机制问题

本报告中记述了一些县、乡（镇）多部门协作的做法，多属个例，难说

具有普遍性。而一些基本的运行机制尚未建立，比如，综合协调机制的建立和完善尚需进一步研究完善。略阳县重视了这个问题，也采取了措施，他们将综合协调工作交由县委办公室和县政府办公室两个综合办事部门来管，但这种做法终难长期为继。既要长期协作，就得保持协调，在贫困村的灾后重建工作中，应进一步研究解决扶贫开发部门在综合协调工作中的地位和职能的问题，以使其作用得以充分发挥。

（二）设想和建议

1. 要坚持扶贫开发与防灾减灾、环境治理一起抓的原则

汶川地震后贫困村的恢复重建工作虽然只是整个抗震救灾工作的一部分，但是它对陕南贫困地区来说，却是一次罕见的自然灾害救助工作。它的社会影响和工作范畴几乎涵盖了防灾减灾或扶贫开发工作的全部。汶川地震的震后重建工作的做法和经验，对于减灾与扶贫都有全局性的借鉴意义。陕南贫困地区的开发与脱贫致富绝对不可脱离防灾减灾和生态环境的综合治理，扶贫、减灾和环保一起抓应该可以达到事半功倍的效果。

2. 要进一步强化各级扶贫开发部门在贫困地区发展与防灾减灾工作中的地位和作用

贫困地区的扶贫开发部门，既应是一个具有政府职能的主管部门，也应具有综合协调的职能。更多地参与贫困地区经济社会全面发展的综合协调工作，促进扶贫开发与防灾减灾相结合的长效机制的建立，进而实现贫困地区的协调发展的社会和谐。

3. 要重视贫困与防灾减灾综合规划的制定工作

建议组织多方面的专家，对贫困地区的自然条件和自然灾害进行综合考察评价，系统分析各区域致贫返贫的主要灾害类型，进而制定扶贫开发与防灾减灾的区域规划，为分类指导贫困地区的扶贫开发与防灾减灾工作奠定基础。

（执笔人：陕西省扶贫办）

第五章

联合国开发计划署（UNDP）“灾后恢复重建和灾害风险管理”项目中期回顾报告

致谢

汶川地震造成了严重的人员和财产损失，灾后重建和风险管理是当前灾区工作的两大命题，UNDP推动的“灾后恢复重建和灾害风险管理”项目在这方面做出了有益的探索和实践。对于其中问题和经验的阶段性总结，是UNDP中国办公室在完成繁重的项目执行工作之外，所做出的又一项具有远见的决定。为此，UNDP中国办公室为本报告的撰写做了大量沟通协调工作，在实地调研阶段，项目地方办公室工作人员还与专家团队一起到试点村走访，他们这种认真负责的态度和敬业精神给专家小组留下了深刻的印象。

在调研过程中，专家小组还得到了各部门、机构项目负责人的全力配合和支持，为报告撰写提供了大量非常宝贵的一手资料和信息，在此，向他们表示衷心地感谢。特别是试点村的走访工作，得到了国务院扶贫办和当地扶贫办的大力支持，没有他们提供的便利条件，专家小组根本不可能完成实地调查工作，更无法获取相关数据资料。在此，表示诚挚的感谢。

受访村的村民大力配合和积极参与，为专家组获得了翔实的第一手资料提供了不可或缺的基础。他们的淳朴、善良和乐观也深深地感染所有参与回顾工作的同仁。在此，深深地感谢并祝福他们。

摘　要

为探索科学重建以及灾害风险应对能力建设的有效路径，2008 年 10 月，联合国发展计划署（UNDP）与国务院扶贫办、商务部牵头，协同民政部、住房与城乡建设部、科学技术部、环境保护部等部门和中华全国妇女联合会、中国法学会以及其他国际多双边机构、民间组织、企业单位，在四川、甘肃和陕西三省选择 19 个试点村开展了“中国汶川地震灾后恢复重建和灾害风险管理项目”。

截至 2009 年 4 月，本项目已累计投入 280 余万美元用于 19 个试点村的灾后整体恢复重建和社区减灾能力的综合建设，具体包括社区重建、生计和就业恢复、环境改善、清洁能源利用等。据初步统计，超过 2.5 万人直接从项目受益，其中包括 1.5 万余名妇女和儿童。

本报告旨在对“中国汶川地震灾后恢复重建和灾害风险管理项目”进行中期回顾，深入思考灾害风险管理模式，为本项目下一阶段工作提出有益的意见和建议。当然，也期望本次中期回顾的思考能对中国汶川地震灾后恢复重建的整体工作有所启示。

中期回顾专家组对各协作单位参与人员进行了深度访谈，并从物理恢复、社会指标、经济指标和机构指标等指标体系出发在试点村开展了实地问卷调查以及进展考察，结果表明了本项目取得了较为显著的成效：（1）合作平台有效搭建。在 UNDP 国家及项目地方办公室的有效协调下，参与本项目的各方已建立较为成熟的协作机制。(2) 项目总体进展有序。各子项目均按照原定计划顺利实施推进，并积累了相关经验。(3) 战略目标逐步实现。在多项目的推进中，参与理念、性别视角等成为基本理念得到广泛认同，乡村减灾与应急管理体系建设取得示范性阶段成果。

综合来看，本项目的成功实施具有以下显著的启示意义：(1) 多元合作有助于建设共享平台，推动灾后恢复重建科学发展；(2) 工作重心下垂的创新机制，有利于促进信息流动；(3) 准确的战略定位以及突出示范建设，有效地推动了政策优化；(4) 以人为本的团队文化建设，是多部门高效协作的有力保障；(5) 充分动员民众，强调参与，是推进基层治理的有效举措。

与此同时，项目实施也将面临以下挑战：(1) 试点样本选择的代表性有待增强；(2) 多部门多层级之间的协调有待深化；(3) 战略层次及目标管理体系有待完善；(4) 灾后恢复重建科学指标体系亟需构建；(5) 外部援助撤出后的持续发展问题有待研究。

为此，本期回顾提出以下初步建议：(1) 应充分认知减灾与发展间有机关联，着手制定减灾领域的系统战略规划；(2) 可强化试点工作的政策倡导作用，大力加强巨灾应对知识库建设；(3) 需完善综合性信息共享机制，深化合作伙伴间的互动参与；(4) 要加大示范建设推广力度，全面探索灾后重建暨灾害风险管理的创新体系。

一、前　言

(一) 背景介绍

汶川地震是自 1949 年以来中国破坏性最严重的自然灾害之一，也是人类地震史上影响范围最大、破坏力最强的地震之一。面对突如其来的巨大灾难，在全世界人民的关注与支持下，灾区在抢救人员、安置受灾群众等方面取得了重大阶段性胜利后开始了全面的灾后重建工作。如何实现灾区系统科学的重建目标？如何总结巨灾管理经验，完善中国巨灾管理体系，并为全球巨灾应对工作提供有益的借鉴？特别是贫困地区、贫困人口受到灾害的冲击影响更大，如何能够针对这一特殊的地区、群体提供一揽子的可持续性减灾扶贫政策？这都是我们面临的重大挑战。为此，联合国开发计划署（以下简称 UNDP）应中国政府要求，启动了中国汶川地震灾后恢复重建和灾害风险管理项目，希望通过国际支持和国内参与来探索科学重建以及灾害风险应对能力建设的工作机制。

2008 年 10 月，国务院扶贫办、商务部和 UNDP 联合签署了"中国汶川地震灾后恢复重建和灾害风险管理计划"项目合作协议，9 月 21 日，在广元市利州区三堆镇马口村举行了贫困村灾后恢复重建项目试点村规划实施仪式。该项目从 2008 年 9 月开始，为期两年。总资金额度为 536 万美元，其中包括加拿大国际发展署投入的 200 万加元。除了国务院扶贫办外，商务部、民政部、住房与城乡建设部、科学技术部、环境保护部等部门，中华全国妇女联合会及其他国际多双边机构、民间组织、企业单位都以不同形式参与到项目中。四川、甘肃和陕西省有关单位也参与了项目的规划与实施。

截至到 2009 年 4 月，开发计划署已累计投入 280 余万美元用于 19 个试点贫困村的灾后整体恢复重建，涉及包括社区重建、生计和就业恢复、环境改善、清洁能源利用等，也特别注重社区减灾能力的综合建设。据初步统计，超过 2.5 万人直接从项目受益，其中包括 1.5 万余名妇女和儿童。

2009 年 8 月，北京师范大学（Beijing Normal University）、美国德州农工大学（Texas A&M University）有关专家接受联合国计划开发署中国办公室委托，成立中期回顾专家小组，对该项目进行中期回顾，以期对前期的工作进展与经验模式进行阶段性总结，更好地开展下一阶段工作。

（二）研究方法

1. 分析框架

本研究从 UNDP "中国汶川地震灾后重建暨灾害管理项目"的战略、体制和机制三方面，对项目进展情况进行全面回顾。项目战略回顾，即项目的战略设计和参与主体选择是否合理；项目体制回顾，即项目实施的组织架构是否高效；项目机制回顾，即项目信息沟通机制是否畅通（见图 1）。

2. 回顾方法

本项目的主要目的是回顾 UNDP 的项目进展状况，所采用的回顾方法结合了常见的评估模式，并在此基础上利用已有的数据指标分析体系进行量化分析。

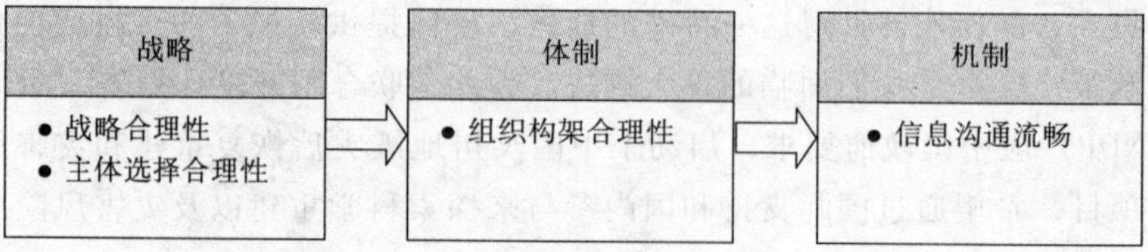

图1 研究分析框架

目前比较常用的项目评估模型有 Kirkpatrick 的四层次评估模型、Kaufman 的五层次评估模型、CIRO 评估模型、CIPP 评估模型、Phillips 的五层次 ROI 模型等。结合本次调研的实际情况，经过比较，我们采用类似 CIPP 评估模型的全过程观察方法进行回顾总结。CIPP 评估模型是美国学者斯塔弗尔比姆（Stufflebeam. D. L.）1967 年在对泰勒行为目标模式反思的基础上提出的。即包括（1）背景评估（Context evaluation），（2）输入评估（Input evaluation），（3）过程评估（Process evaluation），（4）成果评估（Product evaluation）四部分（见表1）。

表1　　　　CIPP 评估模型

CIPP 评估	调查内容	调查对象	调查方法与手段
背景 Context	项目实施环境 项目需求 项目目标的合理性	相关部门 项目合作伙伴 项目受益者	文献搜集
投入 Input	资金投入 人力资源投入 外界支持 时间合理性	项目合作伙伴 项目执行者	文献搜集 访谈
过程 Process	项目的组织领导、组织状况 项目遇到障碍 项目进展与目标的偏差	相关部门 项目负责人 项目合作者 项目执行者	问卷 访谈
产出 Product	项目成果的有效性和意义 项目的可持续性	项目受益者 相关部门	观察法 访谈 个案研究

CIPP 评估模型的核心思想是进行全过程评估，我们以此作为回顾方法的基础，突出对项目的实施状况进行全过程、多角度的定性观察，即全方位

的考察项目的环境、项目的投入、项目的运行、项目的阶段性成果等。在回顾过程中，专家组采用焦点座谈、深度访谈等质性研究方法针对 UNDP 和八个项目合作部门等进行了深入研究，同时结合已有的灾区农户调查数据构建出相应的数据指标分析体系，从定量的角度考察 UNDP 在灾后重建恢复阶段中的工作进展状况。

3. 资料收集

数据收集采用了访谈法和问卷调查法。

2009 年 8 月 19 日上午 9 点，UNDP 北京代表处小会议室召开项目中期进展交流及回顾座谈会，评估小组专家和所有参与本项目的部门代表参加了会议。会上，各部门分别介绍了项目进展情况，并讨论了中期回顾方案，在信息收集和评估内容方面达成了共识。

8 月 31 日至 9 月 4 日，评估小组对科学技术部、ActionAid、国务院扶贫办、民政部、环境保护部、住房和城乡建设部、全国妇联和中国法学会下属的直接执行机构进行了走访，并对项目负责人进行了深度访谈。

9 月 17 日至 20 日评估小组又对联合国计划开发署中国办公室确定的四个项目村：四川绵阳游仙区白蝉乡陡嘴子村、四川广元利州区三堆镇马口村、陕西汉中宁强县广坪镇骆家嘴村和甘肃陇南武都县汉林乡唐坪村进行了入户问卷调查，共走访了 23 个村民小组的 80 户村民，并对每个项目村的村长和村支书进行了访谈，详细了解项目进展信息（见表 2）。

表 2　试点村入户调查样本分布

编号	样本属地					村民小组样本量	户数样本量（问卷数）
	省	市	区/县	乡/镇	村		
1	四川	绵阳	游仙区	白蝉乡	陡嘴子村	7	24
2	四川	广元	利州区	三堆镇	马口村	3	11
3	陕西	汉中	宁强县	广坪镇	骆家嘴村	10	33
4	甘肃	陇南	武都县	汉林乡	唐坪村	3	12
总计						23	80

4. 评估报告框架

本报告不仅旨在对"中国汶川地震灾后恢复重建和灾害风险管理项目"进行中期回顾，而且希望借这次对各个参与项目部门的走访和试点村的实地调研，深入思考灾害风险管理模式，提出有益于项目下一阶段工作的意见建议，并对中国汶川地震灾后重建工作有所启示。

评估报告共分为三个部分：

第一部分：项目进展回顾①。本部分将从整体和专项两个角度进行回顾。专项回顾主要包括以下几个方面：专项概况、进展回顾和经验分享。

第二部分：实地调查发现。通过对试点村实地访谈和问卷调查数据分析，对项目回顾提供量化的数据支持，并探索构建系统的灾后重建监测指标体系。

第三部分：启示与建议。本部分将总结项目执行中的成功经验，并对存在的难点进行分析，为项目的下阶段顺利执行以及中国灾后重建暨灾害风险管理系统的建设提供对策建议。

二、项目进展回顾

（一）总体概述

“中国汶川地震灾后重建暨灾害风险管理项目”目标是通过提供技术援助和国际经验，提高中国灾后恢复重建规划和实施工作的质量。在项目实施过程中，充分体现 UNDP 的战略。如下所示：（1）为贫困地区恢复计划和弱势群体提供帮助；（2）利用其资源和专业技能积极影响和改善中国政府地震后恢复和重建计划的执行；（3）寻求和提出一个村级灾后恢复综合计划，包括住房、生计、就业、社会和心理恢复以及社区机构恢复等；（4）通过安全建设、更好地利用土地资源计划以及各部门应对灾害的准备工作来减少风险；（5）与联合国其他机构、非政府组织以及公民社会组织等合作，利用不同机构的优点和特长，利用联合国组织的资源，最大限度地从恢复计划中取得收获；（6）以灾区评估结果为基础制定以事实为依据的干预计划，将少数民族地区的文化差异、男女的需求差异以及孤儿、老人、残疾人等弱势群体纳入到考虑范围之内；（7）在减少灾害风险方面促进两性平等。

在两年时间里，通过六个方面的 25 个活动，项目预计取得六个方面的

① 项目回顾部分资料来源均为 UNDP 和各部委总结材料，照片来源为：http://www.flickr.com/photos/undpchina/collections/72157621425135050/

成果：

（1）通过提供技术援助并引入国际经验，支持最贫困乡村的影响评估以及以社区为基础的农村全面重建计划进程；（2）向受灾最严重人口和弱势群体提供生计援助，帮助他们重建并从地震影响中尽早恢复；（3）向受灾最严重人口尤其是弱势群体提供社会心理及法律支持，使其参与恢复及重建进程；（4）通过开展以可再生能源利用和当地自然资源管理为基础的村级能源环境规划，使受灾村的居住条件得到改善并更加清洁；（5）通过能力建设及知识分享，加强以社区为基础的灾害风险管理能力；（6）研究、整理并推广最佳实践和知识，并强化参与机构的能力。

该项目由 UNDP 中国办公室执行，国务院扶贫办是项目的国家主导实施单位。项目成立由 UNDP、商务部和国务院扶贫开发领导小组办公室共同主持的指导委员会，并邀请中国国际经济技术交流中心和中华全国妇女联合会等相关单位参加指导委员会工作，对项目进行监督指导（执行机构参见图 2）。

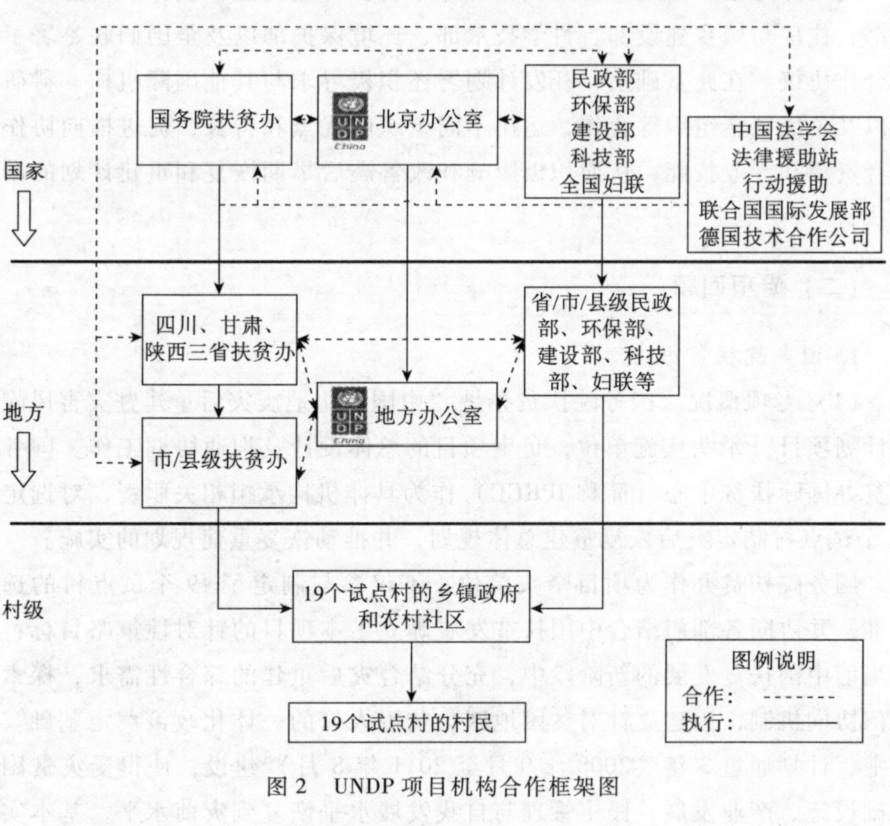

图 2　UNDP 项目机构合作框架图

国务院扶贫办作为项目牵头单位，参与制订了19个试点村的选村标准，由地方根据标准上报，经过国务院扶贫办和省级扶贫办的确认，最后选择确定了四川绵阳市陡嘴子村、金燕村、迎丰村，德阳市云梯村、光明村、前龙村、清和村，广元市黄小村、河东村、马口村；甘肃陇南市唐坪村、肖家坝村、付坝村、潘山村，甘南州茶坪村；陕西汉中市马蹄湾村、秦家坝村、骆家嘴村、安乐河村等19个试点村。

试点村的十大选择标准为：（1）扶贫工作重点村或因灾返贫村；（2）就地重建村；（3）交通相对方便的村；（4）先期启动农房建设试点的村；（5）具有贫困代表性的村；（6）具有地貌代表性的村；（7）具有受灾程度代表性的村；（8）村两委班子基本健全的村；（9）自然村相对集中，人口达到一定数量；（10）少数民族村。

在试点村灾后恢复重建的规划和实施过程中，UNDP通过提供技术援助和引进国际经验，搭建广泛的伙伴合作平台，与国务院扶贫办、商务部、民政部、住房与城乡建设部、科学技术部、环境保护部以及全国妇联签署了具体合作协议。在此基础上，开发计划署还积极寻求与其他国际机构、科研单位以及公民社会组织等合作，运用不同组织的优点和特长，促进横向协作以整合资源和专业技能，从而积极影响和改善震后早期恢复和重建计划的制定和执行。

（二）专项回顾

1. 国务院扶贫办

（1）专项概况。国务院扶贫办是“中国四川地震灾后重建暨灾害风险管理计划项目”牵头实施单位，负责项目的总体设计及沟通协调工作。国务院扶贫办国际扶贫中心（简称IPRCC）作为具体机构承担相关职责，对选定的19个试点村制定灾后恢复重建总体规划，并推动恢复重建规划的实施。

国务院扶贫办作为项目牵头单位，不仅参与制定了19个试点村的选村标准，并协同各部门结合中国扶贫发展确立了本项目的针对性策略目标：即在当前中国扶贫发展的新阶段中，充分结合灾后重建的综合性需求，探索多部门协同机制，为建立针对贫困地区、贫困人口的一体化政策奠定基础。实施上，计划通过3年（2008年9月至2011年8月）建设，使得受灾贫困村基础设施、产业发展、民主管理与自我发展水平恢复到灾前水平，基本实现

《中国农村扶贫开发纲要（2001～2010年）》目标。规划的主要任务包括：①完成19个代表不同类型的试点贫困村灾后重建规划，为三省贫困村灾后重建规划的编制提供"样本"和"示范"；②根据试点村村级规划，参照国家相关标准和行业标准，编制贫困村灾后恢复重建技术标准和投资补助标准；③提出贫困村村内道路、公共服务设施、人饮设施、农村能源等基础设施恢复重建方案；④提出贫困村农业生产设施、生产发展、能力恢复重建方案；⑤编制规划贫困村灾后恢复重建的投资估算，提出和实施与规划相关的政策建议；⑥与灾后恢复重建农村建设专项规划衔接，设计规划实施管理方案。

（2）进展回顾。与行业规划和其他专业规划相比，以村为单元编制和实施灾后恢复重建规划更具有综合性和复杂性，工作量大，涉及面广，是一项多部门、多方面参与的系统工程。到目前为止，在国务院扶贫办的指导、配合、协调和监督下，四川、陕西、甘肃三省选调有关人员成立项目工作机构，形成了从国家、省、市（州）、乡镇到村的全过程纵向体系（参见图3）。

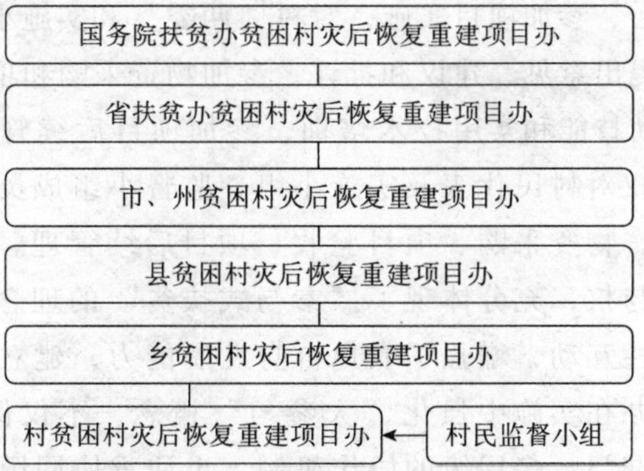

图3　扶贫办系统项目工作机构示意图

在村里，经村民大会选举产生村灾后恢复重建规划实施小组，由村组干部、村民代表、贫困户代表、重灾户代表、妇女代表和党员代表组成。并且由村民大会选举产生监督小组，监督规划实施小组的工作。目前，19个试点村的灾后恢复重建总体规划已全部制定完成，进入顺利实施阶段。在完成参与式规划编制的基础上，扶贫办还结合相应的规划实施，将本系统的资金与UNDP项目资金整合使用，开展了以工代赈、修建沼气池、成立以妇女为主体的互助基金。在实施中特别注重以下几个方面：一是更加关注弱势人群；

二是强调活动的整体效果，多层次促进受灾村民生活的全面恢复；三是强调社区发展的可持续性，关注村民个体能力、意识、素质和主观能动性的提高。

（3）经验分享。参与式扶贫策略。扶贫办将具有“贫困代表性”作为试点村的必备条件之一，并本着“参与式扶贫”的理念在试点村开展了一系列卓有成效的工作。由于基础较差，抗灾能力脆弱，原先的贫困村在灾后恢复重建难度更大。在此区域，灾后重建必须与扶贫开发相结合，真正实现贫困人口的能力建设和贫困村的可持续发展。在制定和实施试点村灾后恢复重建总体规划时，各级项目办和工作站广泛发动贫困村群众和相关业务技术部门，参与贫困村灾后恢复重建问题识别、对策和措施讨论、技术方案制定、资金筹集和管理措施、基础设施后续管理以及项目监测评价工作。

农户从项目酝酿、选择、确定、实施、验收到后续管理全程参与（见图4）。农户参与项目的方式包括：通过提出项目建议、参加代表提名和选举、参加项目选择大会、参加项目实施，对村“两委”和实施小组、监督小组的工作进行监督，提出意见、建议和批评，参加物资采购和项目验收、查阅财务账目、参加劳动技能和实用技术培训，参加项目后续管理。农户有权提出项目建议，有权对村民代表及实施小组、监督小组成员提名和选举，有权参加村民大会、物资采购、项目验收、项目后续管理。这些，都充分地保证了农户的参与权，充分体现了“参与式扶贫”的理念，有效地实现农户与项目方的良性互动，增强了农户自身发展能力，建立了可持续的发展机制。当然扶贫办在实施中强化“大参与”概念，不仅保障农户的参与，而且大力推进多部门、多层级的协作机制，也注重协同国际组织引进国际经验。

2. 民政部

（1）专项概况。民政部救灾司主要负责农村社区减灾能力建设研究、汶川地震应急救援工作总结和农村社区减灾模式研究。其中，农村社区减灾能力建设研究旨在研究开发用以评估农村社区减灾能力建设的方法和指标，提出改进农村社区减灾能力建设的政策建议。汶川地震应急救援工作总结旨在研究汶川案例，探讨适合中国国情的灾害应急救援模式。

（2）进展回顾。农村社区减灾能力建设研究原计划从 2008 年 12 月持续

图 4　村民通过参与式方法制定灾后恢复规划

至 2009 年 3 月，目前已完成既定目标，撰写出《农村社区减灾能力建设研究报告》。

汶川地震应急救援工作总结项目原计划从 2008 年 12 月持续至 2009 年 2 月，由国家减灾中心聘请了 6 名专家组成了汶川地震救灾救援报告专家组，已编写完成《汶川地震救灾救援工作研究报告》。

农村社区减灾模式研究及应用计划于 2009 年 4 月持续至 11 月。通过汇总全国综合减灾示范社区资料，组织专家赴试点村考察，设计《农村社区防灾减灾手册 》，举办社区骨干培训班，设计村级《自然灾害救助应急预案》，组织试点村的演练和减灾宣传活动等，提炼农村社区减灾能力建设模式并推广应用。目前，所有工作已完成，已总结出《推进农村社区减灾工作研究报告》。

社区减灾政策与实践研讨会于 11 月份召开。在联合国灾害管理小组的支持下，民政部与联合国灾害管理小组共同举办了"社区减灾政策与实践研讨会"，会议成果即将汇编成册。

（3）经验分享。重心下垂、强调实效。目前，农村在减灾与应急管理能力建设方面普遍非常薄弱，不仅资源匮乏，而且以往的减灾预案往往由于缺少可操作性，演练方式僵化、成本很高，从而不能得到有效实施。总体上看，在中国经济落后的乡村基本还没有成型的减灾运作体制。

为此，民政部在本项目设计中，以汶川地震灾区案例为基础，以乡村应急预案建设、减灾能力培养作为重点，在减灾与应急能力建设层次上推动重心下垂，在预案编制与演练中强化实效性（见图5）。具体实施中，试点村的村级预案充分结合实际情况，以方便、实用、有效为原则，突出方案的可操作性。此外，项目按照经济性原则，因地制宜，减少了演练的成本，力求探索出一条经济实用的农村地区演练模式。通过本项目的探索，民政部进一步加强与地方、相关部门的协调，立足基层社区开展减灾工作，直接参与并积累总结基层工作经验，为今后减灾工作的政策制定及工作推广起到积极的借鉴作用。

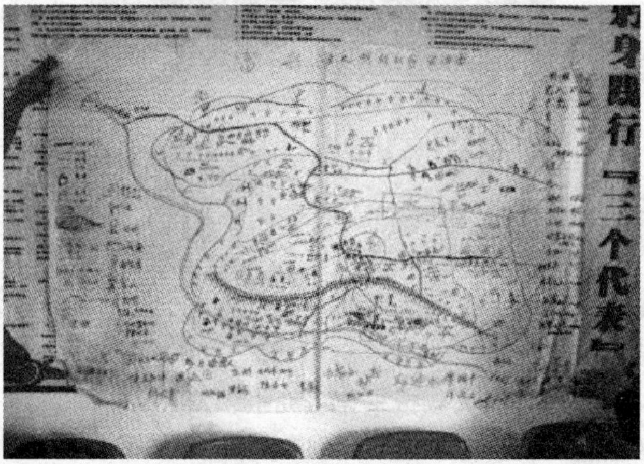

图5　光明村村民经参与式方法培训后绘制的社区资源图

3. 环境保护部

（1）专项概况。环境保护部承担“环境风险规划和示范村环境示范建设”子项目，具体由环境保护对外合作中心（以下简称“MEPFECO”）负责实施，对19个试点村和北川石奇村开展环境保护规划设计，以及6个示范村（四川马口村、光明村、清河村、石奇村[①]，甘肃肖家坝村，陕西骆家嘴村）的环境建设示范，以期探索贫困村在灾后恢复重建中的环境保护新模式。

① 石奇村是MEPFECO在19个试点村之外，在极重灾区北川挑选的一个试点村。

MEPFECO 确定了“制定试点村环境规划——→编制环境示范工程规划——→筛选并制定优先工程规划——→组织优先工程招标——→开展优先工程建设示范——→工程验收——→总结和论证——→编制《贫困村环境建设导则》”的技术路线，主要工作包括：①编制 20 个试点村的《环境保护规划》和其中 6 个示范村的《示范村优先工程规划大纲》；②以四川广元市马口村等 6 个示范村为重点，开展环境优先工程建设示范；③总结规划和示范建设经验，编制《贫困村环境建设导则》。

（2）进展回顾。目前，20 个试点村的《环境保护规划》和其中 6 个示范村的《环境优先工程规划大纲》已经编制完成，四川省广元市马口村的环境优先工程建设示范工作也正顺利开展。马口村的垃圾分类处置和污水处理示范工程已经完成，并已投入使用。

MEPFECO 在国家层面聘请了 2 名环境专家，委托项目区地方环保机构聘请 1～2 名地方环境专家组成专家组（委托国家层面一名专家为组长），开展对 20 个试点村环境规划的制定，编制 6 个示范村的环境示范工程规划，筛选并制定优先工程规划大纲的工作。北京环能科技中心承担了马口村的“环境示范工程”建设。对于其他 5 个试点村，MEPFECO 将根据试点村的《优先工程规划大纲》，委托地方环保机构在项目区开展“环境示范建设工程”公开招标，选出具有工程建设资质机构开展示范工程建设。

（3）经验分享。广泛参与、部门协作。在灾后恢复重建工作中，各项建设任务都十分紧张，如何充分考虑环境的可持续性发展，就需要多部门、全过程的工作机制。为此，MEPFECO 在本项目的实施中，创新工作机制，充分推进多部门之间的广泛参与和无缝对接。

对环保部而言，农村环境建设的研究、规划、示范工程一直是投入的重点领域，并已取得颇有成效的进展。但本次合作，是环保部第一次介入村一级基层环境建设，具有特别的探索意义（见图 6）。在管理机制上，环保部积极创新，将国家一流专家与地方专家长期经验在项目在知识利用方面充分结合，同时在项目执行方面整合了地方相关部门和私营部门的资源。示范工程建设方面，具有可承担性、可复制性、可推广性的特点，即项目运营成本几乎为零，工程建设具有代表性，项目经验具有实践意义。具体上，在马口村示范建设中，主动组织协调会议，协同科技部、建设部等部门机构。在规划设计环节，推进建设部门在设计理念上的更新，如在建筑材料上选取环保型，在能源使用上推进绿色节能；在建设实施环节，在示范民居建设中，主动协调经费用于垃圾和污水处理系统以及牲畜的科学卫生养殖系统的建设，并推动为残障群体设计生态院落。

图 6　环保部环境保护对外合作中心召开“贫困村环境保护规划与示范建设分项目启动研讨会”

4. 住房和城乡建设部

（1）专项概况。住房和城乡建设部承担“中国四川地震灾后重建暨灾害风险管理计划项目”中支援灾区农房重建方面的项目内容，住房和城乡建设部科技发展促进中心（以下简称“CSTCMOC”）负责该子项目的具体实施，针对目前灾区农房重建过程中存在的主要问题，开展调研和政策研究、技术支持、人员培训以及示范工程建设等方面的工作。

项目组织技术支持单位通过开展国际、国内灾后房屋重建的技术和政策研究，结合我国国情以及灾区农房重建的实践，开展地震模拟体验中心、灾害应急评估师制度、农村建筑工匠培训模式、板房再利用技术的相关研究，提出完善有关建筑废物循环利用的法律法规、使用适应当地资源和传统的房屋建筑技术等相关的政策建议，为我国今后防灾减灾工作提供技术支撑。

（2）进展回顾。CSTCMOC 选择四川省极重灾区青川县作为项目建设示范点，自 2008 年 11 月起，依托四川省建设厅科技促进中心、青川县规划建设局，邀请国内外专家和技术人员采用案例讲解与现场指导相结合的方式，共开展 40 余次技术培训活动。对村镇建设管理员、村社干部、农村工匠逾

6000人进行了技术培训，其中考核合格获得农村建筑工匠合格证计2017名（包括400余名妇女），使工匠及村民掌握了目前灾区常用的农房建设形式的基本技术工艺，有效缓解了当地农村农房建设技术工人短缺的情况，推动了农房重建工程进度，为提高工程建设质量提供了有力保障（见图7）。

图7 住房和城乡建设部在青川县蒿溪乡组织开展永久性农户重建培训会

CSTCMOC发放《房屋抗震知识读本》《灾后重建适用技术手册》《新农村住宅建筑适用技术》《地震灾后建筑修复加固和重建手册》《新农村住宅施工技术及质量通病防治》《镇（乡）村建筑抗震技术规程》（JGJ161－2008）《农村民宅抗震构造详图》（国家建筑标准设计图集SG618－1～4）等技术手册和图集1000余册，印制了轻钢结构房屋建设宣传光盘2000套，组织技术支持单位合作编写《农房重建与危改实用手册》，该手册对我国现行的关于农房建设的规范、标准、图集进行了有机整合，通过形象的图画将目前灾区广泛采用的砖混结构、木结构及农村危房鉴定技术进行了介绍，手册力求浅显易懂、图文并茂，易于农民掌握，取得了良好的效果。除此之外，建设部开展的示范性工作还有以奖代补（对采用安全、环保等技术进行农房重建的家庭进行奖励）、示范性的设计建设工作（与相关企业合作在四个村开展）。

（3）经验分享。技术倡导、市场引导。CSTCMOC在试点村建设示范工程，不仅强调技术倡导，展示推广新技术、新材料和农房重建适用技术，而且动员相关企业进行市场引导。CSTCMOC联合中国建筑科学研究院、中国建筑设计研究院、同济大学、山东大学、清华大学、四川省建筑设计研究院等高校科研院所作为技术支持单位，为项目试点乡镇和农村在重建过程中面临的规划、测绘、质量监督等问题提供技术支持，与此同时，组织一系列新技术宣传和专题交流活动，例如四川省住房城乡建设新技术博览会、马口村农房援建工程专家研讨会等，同时依托四川省科技促进中心、青川县规划建设局分别成立 UNDP 项目四川农房技术中心、青川农房技术中心采用网站、图片、模型等方式进行农房建设技术展示等。

在技术倡导的同时，还动员了欧特克（Autodesk）中国研究院、德国技术合作公司（GTZ）、北新建材、北京冠强工贸有限公司、邯郸全有生态建材公司等多家企业参与试点村农房重建。特别是针对青川县建筑垃圾处理现状，组织建筑垃圾再生利用企业、建材生产企业进行了实地考察和商务合作，开展相关的调研、考察、招商及有关政策制度的咨询。

5. 科学技术部

（1）专项概况。科学技术部承担“中国的早期恢复和灾害风险管理”中相关子项目，由科学技术部农村技术开发中心（以下简称“CRTDC”）负责实施，在 19 个试点村中的 5 个村（四川清河村、光明村、马口村，陕西骆家嘴村，甘肃肖家坝村），对灾区贫困、弱势群体的灾后生活、生产进行早期援助，帮助他们恢复重建；完成调研试点村受灾基本情况报告和近期、中长期培训计划；进行地震和灾后重建培训，提高灾区人民对灾害恢复重建的技能。

CRTDC 的主要工作包括：①各级项目主管部门组织专家，结合 5 个重点试点村农业主导产业和特色产业，进行研讨，进行科技需求分析、论证，确定当地产业整体发展规划；②各级主管部门和相关专家，通过设计创新的方法，建立科技特派员定点支持农户制度管理体系；③为重点试点村建设 1 个科技特派员团队，进行科技特派员定点帮扶；④组织专家和对口帮扶科技特派团分别针对试点村科技人员、种养植大户、贫困农民开展不同层次的培训（见图 8），并注重发挥妇女的作用，增加对妇女发展机会的提供和培训；⑤对重点试点村农业主导产业和特色产业进行生产技术示范帮扶，着力打造科技示范基地；⑥组织召开“地震灾区灾后恢复重建产业发展和防灾减灾”国际研讨会议。

图 8　陕西省科技厅在汉中市举办 UNDP“地震灾后恢复重建科技特派员对口帮扶试点工作”能力培训班

（2）进展回顾。目前，前三点工作已经完成，其余工作也在顺利推进中。项目以实施科技特派员创业行动计划为切入点，开展地震灾后重建科技特派员帮扶试点工作，为灾区引进农业新品种、农业先进实用技术，提供农业技术咨询服务等；对当地干部、科技特派员和农民开展技术培训。

科技特派团随后将牵头建立重点帮扶村产业应用推广示范基地、经济合作社或产业实体，将会带动试点村灾后农村生活、农村环境、农村生产的快速恢复，增加灾后试点村农民收入。

（3）经验分享。强调精准服务，助推产业转化。CRTDC 准确地识别了试点村和试点村村民对于恢复生产的迫切需求以及供给的不足，并有针对性地开展颇具成效的“科技特派员”计划，做到了服务的递送及时准确，有针对性。在灾区开展“科技特派员计划”，就是要组织专家和对口帮扶科技特派团对试点村农民和技术人员提供社区参与式、社区主导发展、农业产业化发展等方面的技能、意识观念和发展理念培训，并提供一定资金支持，增强其应对灾后重建的能力和意识，通过以点带面的方式推动灾区村庄社区的发展。在试点村开展培训时，CRTDC 并没有简单地对灾民进行统一培训，而是区分了试点村科技人员、种养植大户、贫困农民，对他们开展不同层次的培训，满足了灾民不同水平的需求。

在准确识别试点村需求的同时，CRTDC 组织各级项目主管部门的专家，结合试点村农业主导产业和特色产业，进行研讨，进行科技需求分析、论证，分别确定了5个试点村各自的社区产业整体发展规划。基于自愿基础上，围绕当地农业主导产业，为5个重点试点村建设一个科技特派员团队；以科技特派员为载体，着力打造5个科技示范基地，为试点村推广先进实用技术和产品；使每个试点村重点扶持的5户示范户每户年均经济收入增长5%。最后，总结和推广成熟的灾后重建农业生产早期恢复的长效机制。

6. 中华全国妇女联合会

（1）专项概况。中华全国妇女联合会（以下简称“全国妇联”）在本项目中主要承担的工作任务是：开展对3省19个试点村的弱势群体，即：妇女、儿童、老年人、残疾人的脆弱性分析；向受灾最严重、最需要帮助的妇女提供生计援助，帮助她们重建并从地震影响中恢复；向受灾最严重、最弱势的群体，尤其是妇女提供社会心理支持，帮助他们参与到恢复重建过程中。

（2）进展回顾。2009年3月23日至28日，全国妇联组织项目试点村及试点村所在的乡（镇）、县、市、省级妇联主要工作人员参加了在四川省德阳市举办的参与式脆弱性分析（PVA）深度培训。培训旨在帮助有关各级妇联工作人员了解和学习参与式农村快速评估（PRA）的类型和方法，掌握和运用各种工具开展PVA评估并对脆弱人群的脆弱性进行分析和报告。

2009年4月至11月，全国妇联项目省各级妇联组织在有关专家的指导下，对四川、陕西、甘肃3省19个试点村的13个村（四川绵阳市游仙区白蝉乡陡嘴子村、德阳市中江县富兴镇光明村、德阳市旌阳区柏隆镇清和村和广元市利州区三堆镇马口村、甘肃和陕西省的全部试点村）开展了对弱势群体，妇女、儿童、老年人和残疾人脆弱性评估和分析，通过运用各种参与式评估工具和工作手法，与灾区村民共同探索在社区层面预防灾害的方法和途径，帮助弱势群体认识自身的脆弱性和有效资源的所在，提高他们减灾的知识和抵御灾害的能力（见图9）。目前已完成了近14万字的报告，预计2010年初可提供终稿。

2009年4月20日至22日，中华全国妇女联合会与联合国国际减灾战略秘书处在京联合举办了“性别与减灾国际会议”。民政部和联合国驻华系统为协办单位。与会代表就将性别视角纳入减灾决策、性别与扶贫、气候变暖以及男女平等参与社区减灾等议题进行了深入的交流与探讨。会议通过的

图 9 妇联组织德阳市清和村村民绘制本村的社区资源图

《北京倡议》要求各国政府加强性别分析和性别主流化的政治承诺，促进负责减灾、气候变化、扶贫和性别问题各部位间的合作，提高救灾协调中妇女的参与，保证男女两性平等获得救灾援助。此倡议已由 UNISDR 于 2009 年 6 月份提交在日内瓦召开的全球减灾论坛。

全国妇联 2009 年 6 月至 12 月间，妇联在四川、陕西、甘肃 3 省 19 个试点村组织了妇女生计实用技术和技能的培训。3 省 19 个村近 600 名最需要帮助的妇女接受了培训。内容涉及核桃、花椒、茶、药材、食用菌的种植、病虫害防治、采收和保存；猪、鸡、兔和蚕的养殖、常见病防治、饲料配备和粪便处理，以及刺绣等，提高她们参与恢复活动的能力。与此同时，妇联还根据培训内容和妇女的实际需求，向约 550 多名参训妇女提供了雏鸡、仔猪、仔兔、幼蚕、核桃苗、茶苗等生产资料和小型播种机、草料机、塑料大棚、猪圈料槽、机动式消毒喷雾器、温湿度测量器、刺绣花样、刺绣半成品等相应的小型农用设备，支持她们重振生计，为家庭创收。

2009 年 11 月，全国妇联为甘肃省和陕西省项目试点村及试点村所在的乡/镇、县、市灾区妇联系统骨干人员举办了心理支持和干预方面的培训班。

（3）经验分享。发挥妇女参与作用，推动科学社会重建。本项目在考察灾害对社会的冲击影响时，将重点放在弱势人群身上。全国妇联作为本次项目中代表妇女等弱势群体利益的机构，致力于对妇女、儿童、老年人等弱势群体的帮扶。本次地震中，妇女和儿童是社会中最为脆弱的人群，受到了巨大的打击。妇联在制定和实施参与式脆弱性分析活动中，全面动员各级妇联干部和乡村妇女代表学习和掌握参与式脆弱性分析的工作方法和工具以对社区和社区脆弱人群的脆弱性开展评估、分析和报告，积极参与基层减灾与应急管理体系的建设。这一过程中体现的性别敏感性（Gender Sensitivity）对于避免在灾后恢复重建，特别是政策出台中出现“性别错位”和促进村级层面的需求与政府相关部门的发展规划相结合具有重要意义。同时它巩固了妇女作为重建中社区发展的受益者和推动者的地位。

7. 中国法学会

（1）专项概况。中国法学会（以下简称“CLS”）承担“中国的早期恢复和灾害风险管理”中子项目灾后重建主要法律问题研究和法律援助项目，其中法律援助项目委托北京致诚农民工法律援助与研究中心协调，四川省农民工法律援助工作站、甘肃省农民工法律援助工作站和陕西律师农民工维权工作总站具体实施，中国法学会承担指导职责。

法律问题研究的主要实施地点为北京、绵竹，其中绵竹市为项目的调研基地。研究以专家分头撰写报告为主，同时专家组也随时为法律援助项目合作伙伴、为绵竹市提供法律咨询和智力支持。研究目标在于通过对灾后重建主要法律问题的研究，即妇女、弱势群体保护、政府救助、房地产、环境保护等方面的法律问题，为立法、司法以及行政管理部门提供决策参考，同时也为法律援助项目和相关各方提供智力支持。研究项目的实施主要依托中国法学杂志社，由中国法学杂志社办公室来协调分布在各个研究会和其他单位的专家，联系项目相关各方，处理日常事务。

法律援助项目主要是通过培训基层法律工作者、进村普法宣传及办理涉及灾民的法律援助案件等项目活动，为地震灾区提供专业、免费法律服务，为灾后重建提供法律保障。北京致诚农民工法律援助与研究中心作为全国农民工法律援助项目的秘书处，承担了对全国近 20 家农民工法律援助工作站的项目指导工作，保障项目能够得到顺畅贯彻执行。

（2）进展回顾。目前，法律研究项目的进展顺利：2008 年，在深入灾区调研的基础上，完成 1 份近 3 万字《汶川地震灾后法律问题综合调研报告》；2009 年 1 月 10 ~ 11 日，在北京举行“汶川地震灾后重建主要法律问题研究项目启动仪式暨研讨会”，以此为基础制定年度计划之后，专家分头开展研究工作；2009 年 8 月 12 ~ 15 日，到成都和绵竹调研，完成 1 份 1.7 万字的调研报告，与绵竹市政府签订“灾后重建法律问题研究及智力支持的合作备忘录”

(见图10)；计划于2009年12月提供1份可供出版的研究报告终稿。

图10 中国法学会与绵竹市人民政府合作签约暨UNDP支持项目调研座谈会

在项目实施过程中，法学会还协同北京致诚农民工法律援助与研究中心开展了一系列工作，包括编印和发布《灾后重建法律援助实用手册》500册，计划在10~12月份，三省工作站开展三次培训会议，培训至少50名基层法律工作者，建立基层法律工作者档案库和灾后重建法律援助志愿协作网络，方便长期关注灾区法律援助工作；根据实际需求，开展两次进村普法宣传活动；办理10件涉及灾民的法律援助案件；开展前期的实地调研和相应的座谈会等。

（3）经验分享。广泛研究、突出重点。CLS与UNDP合作进行相关研究工作。研究内容包括涉灾法律的一般问题，人身权利法律问题、土地，房屋法律问题、企业债权债务法律问题、企业劳动关系法律问题等等。在突出其研究特色的同时，CLS也注重其成果的运用。它将自身的目标定位设定为找到一些解决常态法律无法处置的问题的方法，进行法律上的变通处理，并从研究的角度提供一种思路、原则，供司法机构和政府机构参考。

在针对目标群体的选择上，CLS从专业角度出发，研究发现震后灾区法律问题城市多于农村，财产性问题多于身份性问题。CLS为此将研究工作侧重于城市和财产性问题研究，同时进行农民等弱势群体的法律帮助工作。

除此之外，在项目执行中，CLS特别注重法律研究和法律援助两部分的有机互动：法律研究开展在先，通过两次实地调研及研究，为法律援助项目提供了灾后重建中主要法律问题的第一手信息，并为开展法律援助提供了智力支持；而法律援助项目的调研成果及法律援助案例，也为法律研究提供了生动的素材。

8. 国际行动援助

（1）专项概况。全国妇联在“灾后恢复重建和灾害风险管理”项目中的一项重要活动，是对受灾贫困村的弱势群体，妇女、儿童、残疾人和老年人开展参与式脆弱性分析。行动援助中国办公室为这项活动提供了“参与式脆弱性分析”的技术支持。

（2）进展回顾。国际行动援助在 2009 年 3 月首先为项目试点村及试点村所在的乡/镇、县、市和省级妇联的主要工作人员举办了为期一天半的参与式脆弱性分析方法培训（见图 11）。培训侧重于参与式脆弱性评估和参与式农村评估工具的掌握和运用，这些工具包括社会资源图、季节历、问题排序、日常作息图和活动图等，结合“参与式”的工作手法，这些工具可以在村级层面综合运用。另外还包括如何通过游戏与讨论的方式来与村民共同讨论贫困、参与、脆弱性等概念，以加深参与者自己所在社区情况的了解，增强他们对社区的拥有感和参与程度。

图 11　国际行动援助工作人员进行参与式脆弱性分析方法培训

随后，由各级妇联工作人员组成的 4 个工作小组分赴德阳市旌阳区柏隆镇清和村、德阳市中江县富兴镇光明村、绵阳市游仙区白蝉乡陡嘴子村、广元市利州区三堆镇马口村等4个试点村进行脆弱性评估实践，并提交了这四个村弱势群体脆弱性分析报告，对妇女、儿童、残疾人、老年人的灾害影响、生计发展、健康状况、信息服务、能力等方面进行了调查，并提出了有针对性的行动建议。

（3）经验分享。突出技术优势，创新组织模式。国际行动援助的专业优势是使用参与式发展的工具、手段、技术进行参与式发展规划。通过与UNDP的沟通，国际行动援助和妇联形成了项目合作机制。由国际行动援助提供技术援助，同时负责培训的记录、监测、评估工作，妇联负责整合项目，组织协调，同时参与脆弱性分析工作。

参与式发展是典型的“自下而上”的发展模式，而现实中，中国政府的组织行为模式是“自上而下”的组织安排模式。两种模式都存在一定的优缺点。国际行动援助较为客观地审视两者，在培训的组织过程中，充分体现了两种模式的有机结合。即针对干部体系，也兼顾民众代表。

9. 小结

综上所述，本项目取得以下进展：（1）合作平台有效搭建。在UNDP国家及项目地方办公室的有效协调下，参与本项目各方已建立较为成熟的协作机制。（2）项目总体进展有序。各子项目均按照原定计划顺利实施推进，并积累了相关经验。（3）战略目标逐步实现。在多项目的推进中，参与理念、性别视角等成为基本理念得到广泛认同，乡村减灾与应急管理体系建设取得示范性阶段成果。

当然，本项目在执行中也面临一系列的挑战，我们将在以下部分进一步展开分析。

三、试点村效果评价

（一）灾后恢复重建科学指标体系

灾后恢复的指标体系包括四个大类：物理指标，社会指标，经济指标和机构指标。每个大类包括的具体指标量度见表3。需要特别指出的是，灾后的政策策略不仅限于恢复重建（Restoration），而且应该包括抗逆力（Resilience）的建设，例如防灾减灾和经济可持续增长。在量度物质条件、社会生活和经济恢复的同时，也应该测量地方机构的建设，其中包括地方机构对风险进行管理和准备的意识及成效，例如是否有效建立乡村减灾与应急管理体系。

表 3　灾后恢复重建的科学指标体系

	恢复重建（Restoration）	抗脆弱度（Resilience）
物理指标	• 重建受损房屋 • 重建受损的商业工业设施 • 公共基础设施的修复及重建 • 物理上基本看不出受过灾害	• 居民住房的防灾减灾 • 商业工业设施的防灾减灾 • 公共设施的防灾减灾 • 环境恢复和改善
社会指标	• 人口恢复和增长 • 学校复学和教育机会 • 满足基本的生存需求 • 精神健康和身体健康的恢复	• 住房满足人民生活需求 • 社区恢复 • 社会关系网络恢复 • 社会区域平等 • 自力更生能力建设
经济指标	• 恢复就业和生计 • 商业恢复 • 历史文化娱乐设施恢复	• 房屋满足工业商业需求 • 经济多元化和市场就业增长 • 财富恢复和可持续改善
机构指标	• 快速地完成恢复和重建 • 领导、创新和长远的眼光 • 公共参与决策 • 决策能让居民和企业满意 • 正面的外部声誉	• 机构管理中适当的冗余和可持续的容量 • 对可持续规划的结构化和强化 • 财政恢复和可持续和改善 • 承诺对风险进行管理和准备

资料来源：Laurie A. Johnson，2009. *Developing a Management Framework for Local Disaster Recovery：A study of the U. S. disaster recovery management system and the management processes and outcomes of disaster recovery in 3 U. S. cities*，Prepared in partial fulfillment of the Doctor of Informatics degree，Kyoto University，Kyoto，Japan，March 2009.

（二）实地调研结果

2009 年 10 月，中期回顾专家组对 4 个试点村的居民进行了问卷调查，分别是四川绵阳市游仙县白蝉乡陡嘴子村、四川广元市利州县三维乡马口村、陕西汉中市宁强县广坪乡路家嘴村和甘肃省陇南市武都县汉林乡唐坪村。此次调查在灾后恢复重建的科学指标体系框架上，主要研究了与项目进展情况回顾有关的几个方面，其中物理指标包括住房重建；社会指标包括居民生活恢复、信息沟通、安全和信心；经济指标包括农业生产恢复和家庭财政；机构指标包括社区参与、救灾及重建工作评价。具体内容参见附件。

需要说明的是，本次实地调研的结果不仅仅反映出 UNDP 的实施效果，还必然综合了国家以及社会各界参与试点村灾后重建的努力。对于本项目的中期回顾而言，以下的分析结果将有利于充分理解试点村的灾后恢复重建进展状况和项目下一步的工作基点。

1. 物理指标恢复

（1）住房重建和加固情况良好。地震对 4 个试点村的房屋造成了严重破坏。调查显示，受访者地震前所居住的房屋有 54% 在地震中完全损坏，25% 大部分损坏需要拆除，另外有 18% 的房屋需要加固，仅有 3% 的房屋没有遭到损坏。

完全损坏和需要拆除的房屋当中，有 73% 的房屋在地震后进行原址重建，另外 27% 的房屋有村里集中重建。重建房屋有 73% 已经基本完成，已经动工尚未完成的有 25%，22% 的工程过半，仅有 2% 的房屋尚未动工。

居民对房屋重建和加固的速度和质量表示满意。对总体的重建工程进度，有 89% 的受访者表示满意，而在对重建工程进度表示不满意的 7 人当中，有 6 人表示工程进度较慢的原因是因为缺乏资金，3 人表示缺乏人手，1 人表示买不到建材，没有人表示是由于建材涨价或者缺乏组织能力。也没有人表示担心余震。对房屋重建质量，98% 的受访者表示满意。

总体来看，地震对受访者的居住情况造成了比较大的影响，绝大多数的房屋在地震中遭到不同程度的损毁。地震后房屋重建恢复的情况良好，大部分损坏的房屋在原址进行重建恢复，也有小部分的房屋由村集体统一集中重建。通过银行贷款、政府补贴等一系列方式，绝大多数家园受到地震破坏的受访者已经完成了房屋的重建恢复，并且对于恢复的进度和质量表示满意。全部受访者通过正规渠道获得房屋恢复重建资金，没有人借高利贷或者赊账。

（2）住房重建选址与生产方式间存在矛盾。现在房屋对居民生活的方便性基本没有影响或者使居民生活变得更加方便。44.9% 的被访者认为生活的方便性没有太大变化，46.2% 的被访者认为现在的住房使生活变得方便，只有9.0%的被访者认为现在的住房使生活变得不方便。其中，变得方便的主要原因是做饭更加方便，孩子上学变近，离医疗点近，或者购物更方便。变得不方便的主要原因是离亲戚朋友变远和一些新房没有厨房，做饭不方便。

相对于生活的方便性变化，更多的居民反映现在房屋使农业生产变得不方便。没有被访者反映销售市场和技术支援的变化。

2. 社会指标恢复

(1) 居民生活恢复到震前水平。地震对居民生活造成了负面影响。地震后一个月，在自家吃饭的比例减少了41.9%，8.7%的家庭从能吃饱饭变为吃不饱饭，几乎一半的家庭吃肉少于一周一次。由于饮水基础设施损坏，11.3%的家庭在灾后饮用不太卫生的河水溪水或者池塘湖水。地震一个月后60.3%的被访者感觉到上厕所有困难，36.3%的被访者没有办法洗澡。地震还破坏了一些家庭的小家电和交通工具。

地震后居民生活基本恢复。截至调研时，97.5%的受访者能在自己家吃饭，98.8%的家庭能够吃饱饭，家庭吃肉频率略高于震前水平。饮水问题基本得到解决。特别是一半以上的家庭用上了自来水，比地震前上升了20个百分点。上厕所的情况有所好转，特别是厕所安全状况较地震前有所提高。居民的洗澡状况也较地震前有所提高。没办法洗澡的比例下降，能洗热水澡的比例上升。家庭拥有小家电和交通工具的数量基本上回到地震前水平。

居民生活恢复中还存在的主要问题有：①部分居民（2.5%）仍然饮用不太干净的池塘湖水。②约有1/5的居民仍然感到上厕所存在困难。最主要的问题是离厕所太远不方便。

(2) 信息沟通状况好于震前。能在现在住处看到电视的居民的百分比已经达95.0%，比地震前还要高15.0%。看得到当天报纸，只能看到几天前报纸和根本看不到的百分比均和地震前相同。现在，通过收听自己的收音机，收听别人的收音机，听公共大喇叭的方式收听广播的百分比分别是8.7%、1.3%、50.0%，除了收听别人的收音机的百分比下降之外，其他两个方式的百分比均高于地震前，不能听广播的百分比是40.0%，低于地震前。现在，用手机打电话的家庭继续上升，比地震前增加了13.8%。用家里的固定电话通讯的家庭比例略有上升，但仍然比地震前低16.3%。

地震前，地震发生后一个月内和现在，居民了解政府政策的主要途径都是电视和政府官员（50%以上）。其中电视途径的百分比由地震前的63.8%

降至地震发生后一个月内的56.3%，再升至现在的72.5%（高于地震前）；政府官员途径的百分比由地震前的51.3%升至地震发生后一个月内的63.8%，再降至现在的55.0%（仍然略高于地震前）。

向村干部提意见的百分比由地震前的59.0%升至地震发生后一个月内的62.3%，再降至灾后恢复重建期间的59.7%（略高于地震前）；和家人交流的百分比由地震前的42.6%升至地震发生后一个月内的45.9%，再继续升至灾后恢复重建期间的48.4%；和亲戚朋友交流的百分比由地震前的26.2%升至地震发生后一个月内的31.1%，再降至灾后恢复重建期间的27.4%（略高于地震前）；向其他领导干部提意见的百分比由地震前的14.8%升至地震发生后一个月内的16.4%，再降至灾后恢复重建期间的14.5%（略低于地震前）。

（3）居民安全感增强、信心有待加强。地震后，人们觉得自己所居住的房子更安全了。对于自己居住的房子感觉比较安全或者非常安全的居民比例从80.0%上升至89.8%；觉得居住的房子很不安全或者不太安全的居民比例从15.0%下降到3.8%。这说明地震灾后房屋改建和加固取得了明显效果。

地震后的社会治安状况比地震前好。地震前3.8%的居民觉得社会治安不太安全或者很不安全。现在没有人反映社会治安不太安全或者很不安全。

在地震前后，大部分（>85.0%）居民对整个社会、国家政策、村干部都有信心。但是，地震后，比较没信心或者非常没信心的比例有少量增加。对整个社会、国家政策、村干部比较没信心或者非常没信心的比例均增加了1.3%。

3. 经济指标恢复

居民生计恢复任务艰巨。2009年，家庭收入下降明显，与地震前的2007年相比，平均家庭收入下降了1/5以上。总体而言，靠劳动获取的家庭收入比受地震影响的2008年还低，而且政府补贴和灾后救助资金减退。虽然养殖业和经商的收入有所恢复，但是仍然比2007年低了28.8%和19.0%。种植业和打工的收入继续下降，种植业和打工的收入比2007年低了60.0%和35.1%。只有工资收入比2007年有所上升，增幅为12.2%。

地震后，绝大多数（86.2%）的家庭产生了借款或者贷款，只有13.8%的受访者表示灾后家里没有借款或者贷款。大部分借款贷款（81%）用于住房建房，6.3%用于教育，5.6%用于医疗保健，2.1%用于农业生产，

1.4%用于家庭生活支出，其他用途占3.5%。60.0%的被访者表示借款基本能够满足灾后恢复生产的需要，有32.9%的被访者表示借款不能满足灾后恢复生产的需要，有7.1%的被访者表示借款远远不能满足灾后恢复生产的需要。总体而言，表示借款不能或远远不能满足灾后恢复生产的需要的被访者占总数的40%。借款贷款的大部分还未偿还，还未还款的借款或贷款数目占总数的94.6%，只有4.7%的借款贷款已经部分还款，已经全部还清的借款或贷款比例仅为0.7%。被访者对按时还款有信心的占79.2%。对按时还款没有信心的占21.8%。

总之，灾后家庭生计恢复的问题不容乐观。在2009年，家庭收入持续下降。随着政府灾后援助资金的撤出，农村生计恢复的问题迫在眉睫。

4. 机构指标恢复

（1）机构决策基本透明，居民满意度高。绝大多数被访者表示地震刚发生时，政府机构组织指挥得力，抗震效率高。在恢复重建阶段，绝大多数居民表示各级政府在住房、钱物等资源分配上基本公平，组织能力和效率较高，有关对应政策基本合理。

大多数的人认为分配过程中信息透明度公开，特别是在过渡安置住房分配（板房），永久性住房分配，抚恤金分配上，100%的人认为信息公开。94.4%和92.3%的人认为房屋补贴和国家救助金分配公开，82.7%和83.3%的人认为救灾物资和就业机会分配公开。被访者普遍认为永久性住房、救灾物资、过渡安置住房（板房）、房屋补贴和国家救助金分配时间不长。

资源分配总体上来说是公平的，绝大多数被访者对分配结果满意。其中，所有的被访者认为过渡安置住房，永久性住房、抚恤金和就业机会的分配过程是公平的，并对分配结果表示满意。91.3%、90.9%和94.7%的被访者认为房屋补贴、国家救助金、救灾物资的分配过程公平，满意度高达90%以上。

（2）县政府和乡政府的决策能力有待提高。在抗震救灾阶段，被访者对中央政府的评价最高，96.3%的表示中央政府指挥得力，96.3%表示抗震效率高。其次是省政府和市政府，3/4以上的被访者认为省政府和市政府指挥得力，抗震效率高。被访者对县政府和乡政府的评价最低，只有65.8%的人认为县政府和乡政府指挥得力。仅有68%的人认为县政府和乡政府抗震效率高，23.0%的人表示县政府和乡政府抗震效率一般，而9.0%的人认为县政府和乡政府抗震效率低。

在恢复重建阶段的评价同地震刚发生时一致，被访者对中央政府的满意度最高，其次是省政府、市政府和村（居）委会。最低的是县乡镇政府。

5. 其他信息

此次问卷调查还问到了居民在生活和经济上还存在的困难，村里整体恢复重建中还存在的问题和农户现在最希望得到的支持。居民在生活和经济上还存在的较为普遍的困难包括资金短缺、还贷款压力大和缺乏经济来源。一些农户还提到了身体健康欠佳，没有钱看病，缺乏教育资金，种植业受到野猪破坏等问题。

村里整体恢复重建中还存在的问题，包括道路没有修好、道路路面窄、水利建设不好、房屋补贴没落实、原材料物价高、工匠价格高、缺乏资金。

农户现在最希望得到的支持包括资金支持（低息或者无息贷款），还贷帮助，技术设备支持，提供就业机会和生计发展机会。村民还希望能够尽快修好道路。一些农户希望政府提供医疗保障。

四、启示、挑战与建议

（一）启示

1. 多元合作：建设共享平台，推动科学发展

"中国汶川地震灾后重建暨灾害风险管理项目"是UNDP中国办公室在四川、甘肃和陕西三省地震灾区19个贫穷试点村开展的对于灾后重建工作的有益探索，在DFID、GTZ等国际机构的支持下，联合了国务院扶贫办、商务部、科学技术部、民政部、环境保护部、住房和城乡建设部、中华全国妇女联合会、中国法学会和ActionAid等多个国内部门和国际组织以及国内外相关企业，搭建了一个多方联动、共同支援的工作平台。这样一个工作平台的搭建，将多方资源整合起来，在灾区形成集合效应，不仅是UNDP中国办公室自身工作模式的有益尝试，而且对于试点村灾后重建具有非常重要的意义和作用。

项目推行至今，已搭建了一个多部门合作的平台，各部门之间的信息共享和沟通协调机制已经形成，各部门、机构和组织的资源在这样一个平台

上，得到了良好的整合，这不仅包括政府部门体制内由上到下、部门内部和部门之间的资源整合，还包括政府体制之外的民间组织和专家团队的配合，在乡村基层，参与灾后重建的政府和社会力量在这样一个平台体系中都有自己的活动空间，并且充分发挥了应有的作用。在这一基础上，才能保障试点村的灾后恢复重建工作实现科学协调发展。

这种合作模式不仅对于项目目标的达成具有重要的保障作用，而且对于UNDP以及中国政府来说也具有极大的实践创新意义。对于UNDP来说，这是一次在中国项目管理模式创新的成功尝试，即探索有效机制来发挥UNDP的核心作用，整合国际各方资源来推进各国的减灾与应急管理能力建设。对于中国政府而言，也是一次国际合作模式上的创新，不仅继续在宏观层面，推进各个部委及国家级机构与国际机构的密切协作，而且在具体执行的基础层面上，全面开放，携手各部门在最基层的乡村进行减灾与应急管理示范建设。截至目前的实践来看，这种多部门、多层级的合作无疑将是项目合作方“以人为本”前提下的战略举措，也是借鉴国际经验，推进各国防灾减灾与应急管理体系建设的可行路径。

2. 创新机制：工作重心下垂，促进信息流动

本项目的合作搭建了一个多部门、多层级合作的平台，各方之间的信息共享和沟通协调机制成为决定这一立体平台发挥作用大小的关键因素（参见图12）。

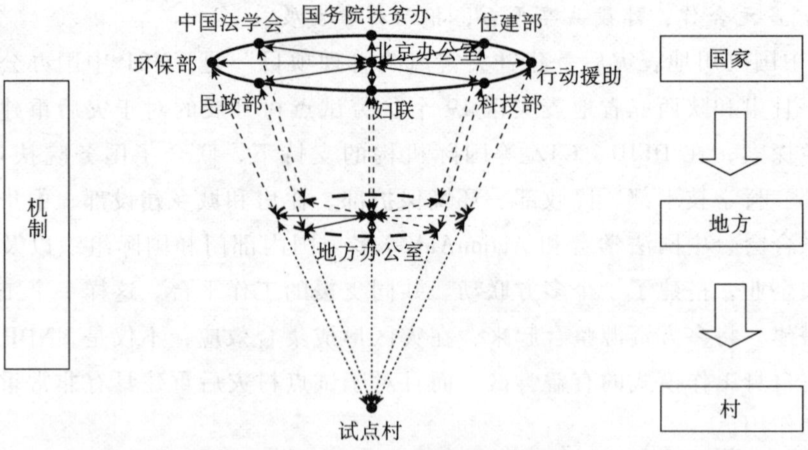

图12 UNDP项目机制图

这也是每个部门在回顾访谈中普遍提到并且十分关注的问题。因为重

建工作设计的条块、部门很多，实地的情况变化很快，如何保证各部门能够及时掌握现场信息并及时调整宏观策略和实践举措就成为本项目的一个难点。

在本项目的治理框架上，UNDP中国办公室不仅首次作为协调机构直接进行国家层面的横向多部门合作，而且第一次在北京之外设立项目地方办公室（绵阳办公室），设计了定期协调会议、通讯以及参与式无缝对接等纵向协调机制，来参与项目在基层试点的具体执行。实践证明，因为UNDP工作重心的下垂，使得各部门、层级之间无论是在信息共享，还是协同工作上都更能吻合当地试点村恢复重建的实际情况。

3. 定位准确：强调示范建设，推动政策优化

本项目的顺利推进，不仅来源于战略目标的完善设计，战略目标的实施模式也是一个重要影响因素。项目伊始，经过多部门协商，就确定了"协同推进试点村示范建设，探索宏观政策的优化"作为实施范式，在资源配置上突出重点。不仅选择了19个试点村进行实践尝试，而且根据有关指标体系，协同各部门选择了包括马口村在内的5个重点村进行系统建设。在这样的实施模式下，各部门和组织作为本项目的执行方，在UNDP的协调下，依托各部门在地方的组织架构和人员协同村级政府、部门以及当地民众，直接进行了项目示范建设工作。

在回顾调研中，各部门普遍表示，"资金不足，我们自己拿钱也要干这件事，因为这是有利于灾区恢复重建的事，也是我们想要做的事"；"UNDP代表国际组织这一块出面协调，本身又是对中国政府的震后支持，所以我们作为各部委来说，责无旁贷，就算UNDP不支持，我们也要干，因为这是我们的责任"，这反映出"中国汶川地震灾后重建暨灾害风险管理项目"的设计不仅符合UNDP的作用定位，也契合了各部门自身的政策导向需求。从而能够基于部委执行的能动性，充分利用联合国系统提供的资金和技术等支持，链接各部门、机构该项目之外的自身资源，尤其是将单一的各部委政策倡导整合为立足试点村示范建设的优化政策集合，无疑使各部门在灾后重建中既有的相应工作计划，与本项目进行了良好的对接。

4. 以人为本：营造团队文化，促进能力建设

本项目的多层级、多部门的实施框架，使得协同成为重要的关节，这不

仅体现在机制的设计上，更重要的是工作团队间的理念共识。为此，在与各部门的访谈交流中，可以得到的一个重要反馈，就是团队文化建设产生了良好的效果。其中，特别是 UNDP 项目负责人和项目地方办公室团队发挥出的表率作用。在本项目的全面推进过程中，UNDP 中国办公室的项目负责人和管理团队充分发挥协调作用，精心设计项目环节，多次前往现场，参与各团队的现场调研和实际工作，动态掌握现场细节，以实际中的示范建设来推进各机构之间的横向合作，并组织现场、后方的工作会议、交流研讨增进团队间交流，主动提供相关协调服务。

5. 强调参与：充分动员民众，推进基层治理

在 19 个试点村的第一阶段灾后恢复重建工作中，UNDP 支持项目实施单位采取参与式理念，科学规划、民主决策、自主实施、自我监管。广大村民不仅积极参与灾后重建项目规划，还全方位参与项目建设管理。在规划项目中，各家各户均派人参与项目建设讨论并确定重建项目和项目建设模式；通过农户座谈和农户大会等形式，民主选举产生了村级项目管理小组具体负责重建项目的施工、物资、理财、监督和协调，各组组员不仅有技术人员、财务人员，而且还有村组干部、贫困户代表、妇女代表。在扶贫系统的指导下，各村还因地制宜制定了项目操作流程和工作制度，以切实保证项目建设质量和资金使用效益，充分体现了互助合作的精神和基层民主治理的理念。

（二）挑战

1. 试点样本选择的代表性有待增强

目前 19 个试点村都在非重灾区。项目在启动之初就确定了非重灾区的贫困村选村标准，将目光投向了重建资源相对缺乏，村级组织相对健全，有利于项目开展的受灾村。截至目前项目得以顺利开展，证明此考虑具有极大的现实合理性。

但是，因为 19 个试点村都不在极重灾区，受灾程度相对比较轻，在某种程度上还不能充分地展现巨灾对于旧有体系的冲击，对于下一步的体制机制创新容易缺乏典型性。为此，在此范围内的实践探索会具有一定的局限性，特别是对有关宏观政策建构的研究而言。

2. 多部门多层级之间的协调有待深化

项目设计是由签署协议的国家一级部门来完成的，但是项目执行却需要

各级政府部门来完成。从设计到执行的过程中，存在着自上而下传递中的信息损耗问题。信息流从国家一级到省级到县、市、州级，最后到乡镇、村级基层政府组织，不断地衰减。造成越是处于信息流底层的政府组织就越无法全面地获得项目信息，而处于信息流底层的基层政府组织是项目的具体执行者，因此就不可避免地出现了项目设计和执行之间的偏离。与此同时，随着项目的不断推进和现实情况的变化，各部门对于项目开展的认识也会发生一些变化。这样，就可能造成执行中对项目目标的偏离和各部门对项目认识的差异性，会直接影响到项目执行结果。在访谈中，部分机构的项目负责人谈到，因为各部门的起点、进展以及执行模式不一样及操作过程的变化，使得部委间的共识度和合作性存在不足。

3. 战略层次及目标管理体系有待完善

对于项目执行而言，清晰的战略界定和可操作性的目标管理体系比较重要，现有设计中罗列了七项战略，但这些内容又有所交织，如果不能进行明晰界定，就会造成“多头并举却效率不高”的现象。为此，我们需要进行战略体系的层次划分（见图 13），可以看出战略之间的关联性和层次性，可以分为：核心战略（此为所有项目努力的聚焦，就是充分实现对贫困地区恢复计划和弱势群体提供帮助）、组织层次（此为承上启下，即推进多组织、多部门合作，促进中国相关政策的执行优化）和实施层次（此为明晰具体着手工作的具体领域，如性别、土地利用等）。

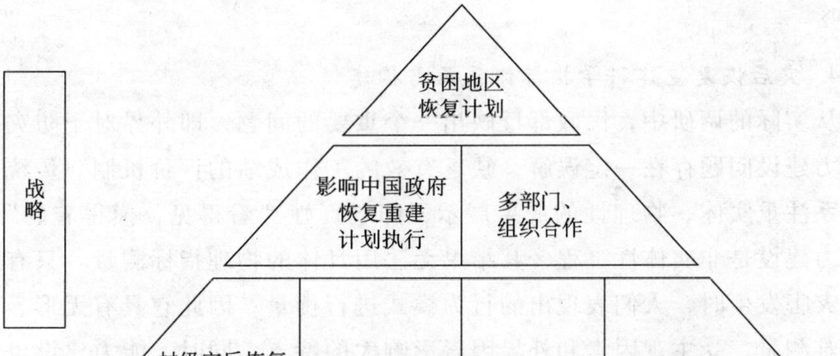

图 13　UNDP 战略层次示意图

与此同时，项目的六大目标体系十分明确（参见图 14），但实际动态管理体系设计不够完善，一方面，如何形成基准实时测度目标是个现实障碍，另一方面，目标体系不够完整，如项目中包含大量的调查研究类的项目，但实际目标设计中并未充分吸纳有关研究成果，相应的干预措施有待加强。例如，试点村开展的参与式脆弱性分析（PVA），运用参与式农村评估工作技术，仅仅停留在对妇女、儿童、残疾人和老年人等四个社会人群，还需要各部门对后续的规划从整体上进行系统修正。

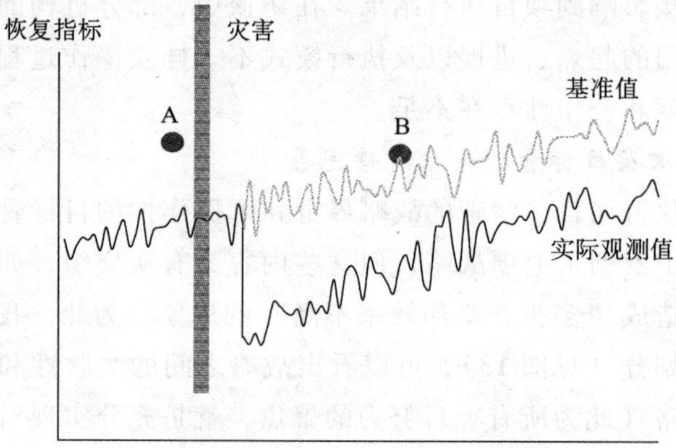

图 14　灾害恢复评价示意图

资料来源：Xiao, Yu. 2008. *Local Labor Market Adjustment and Economic Impacts after a Major Disaster: Evidence form the 1993 Midwest Flood* Prepared in partial fulfillment of the Doctor of Philosophy degree in Urban and Regional Planning, University of Illinois at Urbana - Champaign, Urbana, Illinois, U. S. A., October 2008.

4. 灾后恢复重建科学指标体系亟需构建

从实际的调研中，民政部反映出一个重要的问题，即外界对于防灾减灾的能力建设问题存在一定误解，缺乏有效的工作成绩的评价机制。传统的评价体系注重实体、物理性的成果展示，即老百姓“看得见，摸得着的”。但是能力建设是非实体性工程，其结果无法用具体的物理指标测量。只有通过下次灾害发生时，人们表现出的行为模式进行衡量。因此它具有无形、不连续、难测量、受主观因素和外界因素影响大的特点。同时，能力建设也具有隐性、持久性和根本性的作用特点，接受一次减灾教育，可能对其一生都有影响。目前，没有合适的机制来综合考量减灾能力建设的工作成果。

灾害恢复评价需要长期的观测数据支持。现行的评价机制一般采用选取灾前灾后时间点（灾前的点 A 和灾后的点 B）对生产生活状况进行比较。国际上的灾害研究经验表明，恢复到灾害以前的状态并不表示灾害影响的消除。对比的基准应该是假设灾害不发生能达到的生活生产水平（status quo）。建构恢复重建科学指标体系，以及在此基础上的长期的数据观测对于减灾能力建设评价意义重大（见图14）。

本次调研对建立灾后恢复重建科学指标体系作了有意义地探索、尝试和观测。由于时间和资源的限制，调研未能深入涉及体系的所有方面。但是，本次工作给了我们很多启示，也让我们更加认识到建立完善的恢复重建科学指标体系的重要性。

5. 外部援助撤出后的持续发展问题有待研究

灾后的社会生活全面恢复重建是一个长期的过程。相对而言，灾害的恢复重建支援有一定的集中性和时效性。调研表明，在灾后集中支援下，居民的房屋和生活得到迅速有效恢复。但是，很多家庭因灾而产生了债务，在灾后较长的一段时间里，怎样偿还债务是很多家庭亟待解决的问题。国家和非政府组织的财力、物力、人力援助的撤出可能会对受到地震灾害的恢复重建区造成波动。灾后恢复重建不应该仅仅是短期行为，而应该着眼于长期的地方经济发展和减灾能力培养（Capacity Building）。UNDP 对灾区进行援助的同时，也应该考虑到灾后恢复重建援助撤出后的后续问题。

（三）建议

1. 充分认知减灾与发展间的有机关联，着手减灾领域的系统战略规划

本次汶川地震的应对过程，无疑说明了风险的应对和全面、科学、可持续发展之间存在必然的有机联系。全球亟待在发展中树立类似 Resilient Development 的认知共识，这也将是系统应对气候极端变化的基础领域和重要环节。建议 UNDP 充分总结在本次减灾领域的成功尝试，并以中国为试点、以汶川应对为具体案例，尽快进行减灾与发展战略层面的规划研究，以期形成长期的发展策略和知识理念。这就需要进一步统筹 UNDP 全球资源，不仅在人力资源层面加强投入，也要在机构和资金资源等方面进行系统规划。可以肯定的是，这将会是 UNDP 在推进全球协作和知识共享的一次创新。

2. 强化试点工作的政策倡导作用，大力加强巨灾应对知识库建设

本项目的实施，带来了一些国际先进的经验和工作模式，例如，对试点

村妇女、儿童、残疾人和老年人这四个弱势群体的脆弱性分析就依托了参与式脆弱性分析（PVA）方法，行动援助（ActionAid）提供了技术支持。但与此同时，灾后恢复重建的试点项目众多，基于UNDP的发展战略而言，重点不仅在于实践模式的探索，更重要的是此类经验如何实现可复制，上升成为政策，推进知识能力的系统建设。为此建议尽快建立第三方研究和评估机制，建立实时监测和评估体系，在此基础上，关注国外发展的视角，结合中国国情，就本项目对灾后恢复重建产生的社会影响进行实时检测和系统总结，从政策制定宏观层面出发，以示范村的建设推动灾后农村应急能力的政策体系建设。

在这一过程中，必须注意国际经验本地化和中国经验国际化的有机融合。国际经验必须与灾区的实际情况相结合，国际经验必须本土化才能够真正发挥作用。同时，在调研中，很多部门都提到了中国经验国际化的问题。中国在农村治理方面具有丰富的经验，灾后重建当中也有很多创新和尝试，如何将这些方面的经验总结推广，使之成为国际经验，使更多的人受益，也应当是本项目的题中之义。

3. 完善综合性信息共享机制，深化合作伙伴间的互动参与

信息共享和沟通协调机制的加强，可以避免重复和资源浪费，提高项目效率。在继续保持国家级层面沟通的同时，以各试点村的建设进展为重点，加强各部门间在地方试点层面的信息传递和共享。具体来说，可以进一步加强试点村建设的情况动态反映，采取定期或不定期的简报以及专题现场交流会议的形式，增进交流。特别是简报的发送范围要进一步扩大，保证有关政策决策层面能实时了解实施进展和探索成果，也增强增进执行机构认知的一致性和组织激励性问题。当然，与此同时要加强与灾区的其他工作机构的合作分享，推进与非项目合作单位之间的广泛交流以及全球性分享。

4. 加大示范建设推广力度，全面探索灾后重建暨灾害风险管理的创新体系

要实现核心目标，推进巨灾应对体系的完善，就必须进行全方位、全口径的实践总结和试点探索。目前本项目的针对主体还局限于非极重灾区的部分贫困村，不仅没有覆盖极重灾区，而且对其他不同发展程度地区也没有对比性分析，显然不能满足样本的典型性。为此，建议进一步整合资源，一方面可以直接扩充选择极重灾区的试点；另一方面，由于现有的项目框架和资

源限制，在四川灾区之外未必需要增加直接的实施点，但可以和有关研究机构进行战略合作，共享数据和实践，联合进行开放性全国政策的长期比较研究。

（执笔人：UNDP 灾后恢复重建和灾害风险管理项目中期回顾专家小组，北京师范大学社会发展与公共政策学院风险治理与社会创新研究中心，美国德州农工大学减灾与恢复研究中心）

第六章

实施UNDP"灾后恢复及灾难风险管理项目"提高农房重建水平的探索

为更好地开展灾后恢复重建工作，提升我国农村建设水平，充分利用国际资源，由国务院扶贫办、商务部牵头与联合国开发计划署联合开展了"灾后恢复及灾难风险管理项目"，该项目参与部门和单位包括住房和城乡建设部、环保部、民政部、科技部、全国妇联、中国法学会等多部委和社会团体。作为项目的重要部分，住房和城乡建设部承担了其中用于支援灾区农房重建方面的项目内容。该项目主要针对目前灾区农房重建过程中存在的主要问题，开展调研和政策研究、技术支持、人员培训以及示范工程建设等方面的工作。

一、项目组织

为充分利用社会资源，体现项目的带动作用，项目采取多级实施，广泛参与的方式，住房和城乡建设部建筑节能与科技司、住房和城乡建设部科技发展促进中心、四川省住房和城乡建设厅科技发展促进中心、青川县规划建设局、青川县蒿溪乡人民政府等多级政府部门及单位组织实施，在村镇当地包括绵阳市陡嘴子村、广元市马口村等积极实施的方式，联合中国建筑科学研究院、中国建筑设计研究院、同济大学、山东大学、清华大学、四川省建筑设计研究院等高校科研院所等技术支持，北新建材、北京冠强工贸有限公司、邯郸全有生态建材公司等多家企业，欧特克（autodesk）中国研究院、德国技术合作公司（GTZ）等多家外资企业，广泛参与的机制实施。同时联合环保部、民政部、国务院扶贫办贫困村灾后恢复重建办公室等。

二、积极组织成果良好

（一）开展现场调研，进行政策研究

汶川地震对灾区造成了巨大损失，农房重建工作任务艰巨，做好科学决策、科学重建至关重要。对农房重建开展基本情况调查可以为决策提供科学依据。

项目选择四川省德阳市、广元市、青川县及陕西省汉中市、甘肃省陇南市等地的乡镇和农村作为试点，开展了农房重建情况调研。自2008年11月至2009年5月，通过多次调研，掌握了农房重建进度、各地相关政策、重建工程质量、实际需求等方面的基本情况。

为提高我国灾前预防、灾后应急、科学重建的水平，项目组织技术支持单位通过开展国际、国内灾后房屋重建的技术和政策研究，结合我国国情以及灾区农房重建的实践，开展地震模拟体验中心、灾害应急评估师制度、农村建筑工匠培训模式、板房再利用技术研究的相关研究，提出完善有关建筑

废物循环利用的法律法规、使用适应当地资源和传统的房屋建筑技术等相关的重建技术和政策建议，为今后我国避灾减灾工作提供技术支撑。

（二）组织技术展示，提供技术支持

随着住房和城乡建设事业科技进步和技术创新能力的不断加强，住宅建筑的新技术、新材料不断涌现。如何将这些新技术、新材料应用到农房重建中，是关系灾区农房重建质量提升和节能环保的大事。开展相关技术的展示宣传，为相关技术应用提供技术咨询具有重要意义。

为此，项目组织了一系列新技术宣传和专题交流活动，例如四川省住房城乡建设新技术博览会、马口村农房援建工程专家研讨会等，参会人员累计超过500人。同时依托四川省科技促进中心、青川县规划建设局分别成立UNDP项目四川农房技术中心、青川农房技术中心采用网站、图片、模型等方式进行农房建设技术展示，组织开展农房建设技术培训、示范工程质量监督等一系列活动。

为解决新技术、新材料在农房重建过程中的技术问题，为项目试点乡镇和农村在重建过程中面临的规划、测绘、质量监督等问题提供技术支持，项目组织技术支持单位为青川县乡镇总体规划、青川县乔装镇总体规划、青川蒿溪乡总体规划、蒿溪乡示范村规划、马口村农户住房援建工程等提供了一系列的技术咨询，目前编制相关规划7套，为当地科学重建提供了有效指导。

为提升青川县及蒿溪乡整体经济实力，促进当地经济的长远发展，增加就业。项目还组织建筑垃圾再生利用企业、建材生产企业对灾区进行了考察，开展相关的调研、考察、招商及有关政策制度的咨询。项目资助青川县招商局开展了青川县华威环保技术工程有限公司的招商资讯及可行性研究。目前该企业已开始投产，预计年处理建筑垃圾14万吨，生产标准实心砖5000万元/年或标准空心砌块800万元/年，有效缓解了当地重建过程中对建材紧缺的压力及建筑垃圾无序堆放的状况。

（三）加强人员培训，提升技术能力

建筑工程质量是灾后农房重建工作成功与否的关键。影响工程质量的诸多因素中施工人员的素质和技术监督人员的责任心非常重要。

项目依托四川省建设厅科技促进中心、青川县规划建设局邀请国内外专家和技术人员自2008年11月起，采用案例讲解与现场指导相结合的方式，共开展40余次技术培训活动，对村镇建设管理员、村社干部、农村工匠逾6000人进行了技术培训，其中考核合格并取得农村建筑工匠合格证计2017名（包括400余名妇女），使工匠及村民掌握了目前灾区常用的农房建设形式的基本技术工艺，有效缓解了当今农村农房建设技术工人短缺的情况，推动了农房重建工程进度，为提高工程建设质量提供了有力保障。

为加大农房重建技术的宣传力度，项目发放《房屋抗震知识读本》《灾后重建适用技术手册》《新农村住宅建筑适用技术》《地震灾后建筑修复加固和重建手册》《新农村住宅施工技术及质量通病防治》《镇（乡）村建筑抗震技术规程》（JGJ161－2008）《农村民宅抗震构造详图》（国家建筑标准设计图集SG618－1－4）等技术手册和图集1000余册，印制了轻钢结构房屋建设宣传光盘2000套，组织技术支持单位合作编写《农房重建与危改实用手册》，该手册对目前灾区广泛采用的砖混结构、木结构及农村危房鉴定进行了介绍，手册力求浅显易懂、图文并茂，易于农民掌握，对我国现行的关于农房建设的规范、标准、图集进行了有机整合，通过形象的图画将相关技术进行了介绍，取得了良好的效果。

（四）建设示范工程，提供建设补助

建设示范工程对新技术、新材料及农房重建适用技术具有良好的展示和推广效果，起到以点带面的作用。

项目选择青川县蒿溪乡、广元市马口村、绵阳市陡嘴子村等地正在开展公共服务设施（如村委会、村活动中心、图书室等）及贫困农户住房示范工程的建设，无偿援助四川省广元市马口村四户残疾农户住房重建。组织欧特克（AUTODESK）公司、清华大学城市规划设计研究院等单位为示范工程的技术方案、建造工艺等提供技术支持和援助。

为鼓励农户建设措施合理、质量安全的农房，项目采用“以奖代补”的形式对青川县蒿溪回族自治乡的500多农户进行补助，既缓解了部分农户资金短缺问题，也提高了农房抗震安全质量，对农房建设技术在当地的应用起到了有效的推动作用。

项目实践证明，灾区农房重建工作责任重大，任务艰巨。通过充分吸收

国外经验，广泛吸纳社会资源，利用政策引导、资金支持、技术培训、示范工程等多形式、全方位为灾区农房重建提供援助，对农村住房提高安全性能、保障工程质量具有良好的效果，对灾区农村发展、农业稳定、农民增收产生深远影响。

（执笔人：住房和城乡建设部科技发展促进中心）

第七章

UNDP 汶川震后恢复与减灾项目环境示范分项目成果概要

一、总体情况

“中国汶川地震灾后重建暨风险管理计划项目——环境示范分项目”由环境保护部环境保护对外合作中心承担，计划在受地震影响的四川、陕西、甘肃三省，对所选定的20个试点村开展《环境保护规划》，并在其中6个示范村开展环境建设示范，以探索贫困村在灾后恢复重建中的环境保护新模式。“环境示范分项目”的实施期为2009年3月至2010年6月底，总预算

39.85 万美元。

环境示范分项目的国家项目主任由环境保护对外合作中心岳瑞生书记担任，项目负责人韵晋琦，电话：010－82268936，E－Mail：yunjinqi@ mepfeco. org. cn，地址：北京市西城区后英房胡同 5 号国际环境公约履约大楼 814 室。

环境保护对外合作中心是环境保护部直属事业单位，主要负责中国环境保护领域利用国际金融组织资金、履约项目资金、双边援助资金及其他对外经济合作事务的管理工作。到 2005 年年底，对外合作中心已累计引进外资 9.6 亿美元，致力于为我国环境保护争取国际资金，引进国际先进理念、技术和经验。

二、背　　景

汶川大地震发生后，社会各界积极投入到抗震救灾的行动中。当抗震救灾逐步从紧急救灾转向恢复重建时，地震灾区的环境脆弱性等问题越来越突出。如何在地震灾区恢复重建中保护本已受到地震影响的生态环境，如何兼顾重建和生态恢复，如何协调受灾地区特别是贫困村的经济发展和环境保护，成为地震灾区重建规划和实现可持续性发展的难题。目前，我国尚未开展过针对村级的《环境保护规划》，这使得作为我国行政最小单位的行政村，在没有外界干预的情况下，面对灾后生计恢复、能源缺乏等诸多挑战的复杂局面时，很有可能采取攫取自然资源牺牲生态环境的非可持续性自救重建行动，并可能进一步导致生态环境恶化，使得部分地区进入“贫穷——环境破坏——返贫——环境再破坏”的不良循环。

环境保护对外合作中心与联合国开发计划署（UNDP）合作开发了“中国汶川地震灾后重建暨风险管理计划项目——环境示范分项目”，该项目拟在受地震影响的四川、陕西、甘肃三省，在充分调研和识别当地环境风险的基础上，对所选定的 20 个贫困试点村开展村级《环境保护规划》，并在其中 6 个示范村开展饮用水源地保护、污水处理、固体生活废弃物处置等环境示范工程建设，在项目设计和执行过程中加强地方参与，注重村民环境保护意识提高，以期探索贫困村在灾后恢复重建中的环境保护新模式。

三、项目工作描述

“环境示范分项目”计划在受地震影响的四川、陕西、甘肃三省，对所选定的20个试点村开展《环境保护规划》并在其中6个示范村开展环境建设示范，以探索贫困村在灾后恢复重建中的环境保护新模式。

在项目内容方面，“环境示范分项目”创新性地对20个试点村开展了村级《环境保护规划》并对其中的6个示范村开展《环境优先示范工程规划大纲》，调研识别了不同类型贫困村的主要环境风险，并有针对性地提出长远环境规划和当务之急的示范工程建设建议。试点村选点覆盖川、陕、甘三省，项目规划分类和成果在以上三省具有一定的代表性，环境风险识别理念和规划编制方案在我国农村具有一定的可推广性。

在项目管理方面，“环境示范分项目”创新性地实行了“国家层面统一协调，地方省厅参与指导，实施单位负责实施，私营部门融资配套，当地社区参与受益”的模式，充分利用有限的项目资金，撬动地方政府配套和私营部门参与，在加强村民参与的同时培养其环境保护意识。

在技术运用方面，“环境示范分项目”通过加强国家层面专家和地方层面专家的参与与融合，很好地实现了科学性和本地实践经验的结合，在确保环境示范工程优质高效的同时，保证了工程的高性价比和低成本运营，使示范工程模式在贫困地区具有相当的可推广性、可复制性、可持续性和可承担性。

“环境示范分项目”的主要项目活动包括：（1）在20个试点村开展调研，编制20个村的《环境保护规划》和6个示范村的《环境优先示范工程规划大纲》；（2）在6个示范村（马口村、石椅村、清河村、光明村、肖家坝村和骆家嘴村）开展环境示范工程建设；（3）总结项目实施经验，编制“贫困村环境保护导则”，推广环境示范模式。

四、合作伙伴关系

“环境示范分项目”注重同其他伙伴方部委的联系沟通，注重项目内部实施机构的经验分享，注重将社区参与渗透到主要项目环节。

在“中国汶川地震灾后重建暨风险管理计划项目”的大框架下，“环境示范分项目”充分利用 UNDP 所搭建的合作平台，加强与国务院扶贫办(LGOP)、建设部、民政部、科技部、妇联等伙伴方部委的横向联系和沟通，通过共享调研成果，相互邀请参加相关研讨会，共同开展现场考察等活动，促进相互交流，寻找共同感兴趣以及合作共赢的项目着力点，在完成项目基本目标的同时，提高了项目资金使用效率，扩大了项目成果影响，提升了跨部门合作水平，推动了项目成果转变为具有综合示范推广意义的国家政策建议。

参与“环境示范分项目”的各地方省厅和实施机构，以月报的形式汇报分享彼此的工作进展和计划，交流示范工程建设经验，相互学习和借鉴创新性的管理机制。各地方项目实施单位积极与地方相关机构单位联系，争取到了地方能源办和地方私营机构等单位的技术参与和资金配套，多渠道多角度扩大环境示范建设资金。

“环境示范分项目”注重当地社区和村民的广泛参与，从调研走访当地住户需求，到以工代赈开展示范工程建设，从提供村民环保意识宣教，到受益社区管理和运营示范工程，将社区参与渗透到项目实施的各个环节。

五、主要项目成果

主要项目成果为：20 个试点村的《环境保护规划》及其中 6 个示范村的《环境优先示范工程规划》(见表 1)。

“环境示范分项目”拟于 4 月 25 日开展项目示范工程检查和效果评估工程，届时将在环境示范工程效果、环境保护村级能力建设、村民环保意识提高和组织管理等方面评估检查和总结经验。

表 1　20 个试点村及其中 6 个示范村规划产出列表

省　份	
四川省（11 个）	绵阳市游仙区白蝉乡陡嘴子村《环境保护规划》
	绵阳市梓潼县马鸣乡金燕村《环境保护规划》
	绵阳市三台县塔山镇迎丰村《环境保护规划》
	绵阳市北川县曲山镇石奇村《环境保护规划》和《环境优先示范工程规划》
	德阳市中江县集凤镇云梯村《环境保护规划》
	德阳市中江县富兴镇光明村《环境保护规划》和《环境优先示范工程规划》
	德阳市罗江县略坪镇前龙村《环境保护规划》
	德阳市旌阳区柏隆镇清和村《环境保护规划》和《环境优先示范工程规划》
	广元市朝天区麻柳乡小黄村《环境保护规划》
	广元市旺苍县农建乡河东村《环境保护规划》
	广元市利州区三堆镇马口村《环境保护规划》和《环境优先示范工程规划》
甘肃省（5 个）	陇南市武都县汉林乡唐坪村《环境保护规划》
	陇南市文县中庙乡肖家坝村《环境保护规划》和《环境优先示范工程规划》
	陇南市康县长坝镇付坝村《环境保护规划》
	陇南市成县鸡峰镇潘山村《环境保护规划》
	甘南州舟曲县铁坝乡茶坪村《环境保护规划》
陕西省（4 个）	汉中市略阳县马蹄湾乡马蹄湾村《环境保护规划》
	汉中市略阳县徐家坪镇秦家坝村《环境保护规划》
	汉中市宁强县广坪镇骆家嘴村《环境保护规划》和《环境优先示范工程规划》
	汉中市宁强县安乐河乡安乐河村《环境保护规划》

六、政策影响及可复制性

通过示范工程建设和经验总结，“环境示范分项目”拟于 5 月下旬委托专家组总结项目实施和管理经验，编制《贫困村农村环境保护导则》并提交环境保护部作为农村环境政策建议。在我国继续加大对农村环境保护关注和投入的大背景下，“环境示范分项目”成果和管理模式将进一步为开拓农村环境保护新道路服务。

“环境示范分项目”对于贫困村农村环境的规划分类和成果在川、陕、甘三省具有一定的代表性，在以上三省特别是贫困村具有良好的可复制性，项目倡导和使用的环境风险识别理念和规划编制方案在我国农村具有一定的可推广性。

七、经验及挑战

(一) 成果经验

在项目内容设计方面，“环境示范分项目”创新性地编制了村级《环境保护规划》和《环境优先示范工程规划大纲》，因地制宜地提出长远环境规划和具有针对性的综合示范工程建设建议。

在项目管理方面，“环境示范分项目”很好地实现了“国家层面统一协调，地方省厅参与指导，实施单位负责实施，私营部门融资配套，当地社区参与受益”的模式，充分利用有限的项目资金，撬动地方政府配套和私营部门参与，在加强村民参与的同时培养其环境保护意识。

在技术运用方面，“环境示范分项目”通过加强国家层面专家和地方层面专家的参与与融合，很好地实现了科学性和本地实践经验的结合，在确保环境示范工程优质高效的同时，保证了工程的高性价比和低成本运营，使示范工程模式在贫困地区具有相当的可推广性、可复制性、可持续性和可承担性。

(二) 挑战

由于项目资金有限，目前选取的试点村和示范村数量有限，且用于每个村环境示范建设的资金也十分有限。虽然“环境示范分项目”在 20 个示范村开展了环境风险问题识别和示范工程建设活动，但通过项目实施，我们发现了农村环境保护需求和资金缺口仍然十分巨大。

在技术层面，用于农村环境保护的技术不宜太复杂和运营费用过高，人工湿地等运营成本低、投入少、效果好的项目值得鼓励。但同时每个贫困村所面临的环境风险和地理情况均不相同，分类识别农村环境保护风险并开发系统的农村环境保护技术和管理措施信息服务平台是十分必要的。

八、总结与建议

“中国汶川地震灾后重建暨风险管理计划项目”在多部门合作和应急减灾方面为相关部委和机构搭建了很好的合作平台，横向联系和纵向信息交流将有助于一些交叉问题的解决和创新工作机制的建立。希望 UNDP 能够更好地利用业已建立的平台和项目基础，扩大项目覆盖范围、加强后续支持。

（执笔人：环境保护部环境保护对外合作中心）

第八章

全国妇联在 UNDP“灾后早期恢复及灾害风险管理计划”项目实施中的实践

灾害通过不同的形式对不同的人群会产生不同的影响。灾难中女性及其他弱势群体通常比男性更为脆弱，性别歧视以及管理和决策中性别意识的缺失会加剧各弱势群体面临的风险。当他们被认为是灾害最严重的受害者的时候，他们的特殊利益和需求应得到特别的关注和满足。重要的是，他们不仅仅是灾害的受害者，更是防灾、备灾、减灾和救灾工作中的平等参与者，他们看待事物的视角和生活经验是可利用且无可替代的宝贵资源。

5·12 汶川地震后，联合国开发计划署启动了“灾后早期恢复及灾害风险管理计划”项目。全国妇联与政府各有关部门及其他民间组织以不同的形式参与了项目的实施，主要承担着在受灾最为严重的四川、甘肃和陕西省的

19 个试点贫困村开展对妇女、儿童、老年人和残疾人的脆弱性分析；为试点村最贫困和最需要帮助的妇女提供生计培训和心理支持等活动。目的是帮助社区人们认识和识别自身的脆弱性及有效资源所在，减低妇女在重建中的经济脆弱性，激发她们的经济潜能，使她们走出地震的阴影，积极参与到恢复和重建过程中去。

一、全国妇联牵头开展的活动及成果

（一）参与式脆弱性分析培训及评估

项目在考察灾害对社会带来的冲击影响时，将重点放在弱势群体身上。全国妇联作为项目中代表妇女等弱势群体利益的机构，致力于对妇女、儿童、老年人及残疾人等弱势群体的帮扶。在制定和实施参与式脆弱性分析活动中，全国妇联全面动员试点地区各级妇联干部和基层妇女代表学习和掌握参与式脆弱性分析的工作方法和工具从而对社区和社区脆弱群体的脆弱性开展评估、分析和报告，积极参与基层减灾与应急管理体系的建设。

全国妇联组织项目试点村及试点村所在的乡/镇、县、市、省级妇联主要工作人员参加了参与式脆弱性分析（PVA）深度培训。培训帮助参训人员了解和学习到参与式农村快速评估（PRA）的类型和方法，掌握和运用了各种工具开展 PVA 评估并对脆弱人群的脆弱性进行分析和报告。随后，全国妇联、项目省各级妇联组织在有关专家的指导下，对四川、陕西、甘肃 3 省 19 个试点村的 13 个村开展了对弱势群体，妇女、儿童、老年人和残疾人脆弱性评估和分析，了解弱势群体的现状、需求，在项目试点村弱势群体与地方政府间搭建了沟通平台，拓展了弱势群体反映基本诉求的渠道，并成功地将性别问题纳入灾后重建进程。通过运用各种参与式评估工具和工作手法，与灾区村民共同探索在社区层面预防灾害的方法和途径，帮助弱势群体认识自身的脆弱性和有效资源的所在，提高他们减灾的知识和抵御灾害的能力。与此同时，参与式脆弱性分析使妇联干部掌握了科学的脆弱性分析评估技巧与方法，提高了妇联系统协助政府帮助灾区群众防灾、减灾、灾后恢复重建的能力。

《参与式脆弱性分析评估报告汇编》编印完成并已先后通过多渠道散发。

（二）生计援助活动

全国妇联在四川、陕西、甘肃3省全部19个试点村组织了妇女生计实用技术和技能的培训。800余名最需要帮助的妇女，尤其是单身母亲、残疾妇女和50岁以上的妇女，接受了培训。与此同时，妇联还根据培训内容和妇女的实际需求，向近乎所有参训妇女提供了与培训相配套的可循环使用的生产资料和小型农用设备，支持她们重振生计，为家庭创收。

为巩固、扎实和更新受训妇女的知识和技能，妇联还在项目最后一年，为部分有需求的试点村邀请当地专家以走村串户的形式为她们提供现场指导。

（三）心理支持活动

全国妇联为甘肃省和陕西省项目试点村及试点村所在的乡/镇、县、市灾区妇联系统骨干人员举办了心理支持和干预培训班。全国妇联在为更多妇联干部以及妇女提供心理健康知识和服务的同时，注重培训当地的妇联干部，因为他们是一支留在当地不走、有能力为妇女提供初级心理健康知识的队伍。

（四）经验交流

全国妇联与联合国国际减灾战略秘书处在京联合举办了“性别与减灾国际会议”。民政部和联合国驻华系统为协办单位。与会代表就将性别视角纳入减灾决策、性别与扶贫、气候变暖以及男女平等参与社区减灾等议题进行了深入的交流与探讨。会议通过的《北京倡议》要求各国政府加强性别分析和性别主流化的政治承诺，促进负责减灾、气候变化、扶贫和性别问题各部位间的合作；从性别视角改进备灾、救灾和应急规划，使其满足男女两性的具体需求和不同关切。此倡议已由UNISDR于2009年6月份提交在日内瓦召开的全球减灾论坛。

2010年10月底，全国妇联召开了妇女灾后发展国家级研讨会。会议邀请了项目的各合作伙伴与我们共同交流灾区妇女积极参与恢复与重建的经验和体会；讨论灾区妇女面临的问题和探讨帮助妇女提高参与重建能力的有效做法。同时，会议还邀请了专家教授参与式脆弱性分析的理念和评估方法等。

二、经验与影响

在项目开展过程中，我们深切地感受到，多部门合作的联合项目能否成功的决定性因素就在于部门间合作伙伴关系的确立。

1. 参与式脆弱性分析培训及评估

在活动开展过程中，除国际非政府组织——行动援助为参与式脆弱性分析的培训及评估提供了专业的技术力量外，妇联有意识地邀请当地政府部门相关工作人员参与到整个培训过程中，这不但为日后开展评估奠定了基础，争取到了当地政府部门的支持，还从某种意义上促进了性别主流化。

2. 生计援助活动

生计援助活动的顺利开展与当地政府相关部门的支持密不可分。在这其中，当地科技部门、农技站派相关专业技术人员为参训妇女授课，给予现场指导，并在实践过程中提供适时的跟踪。此外，某些地方妇联与扶贫办建立了长期的合作伙伴关系，利用扶贫办在各地设立的互助金为经过培训的妇女提供支持，发展有一定规模的产业，并带领其他妇女创业。

3. 心理支持活动

2009 年心理支持活动的开展完全依仗于国家和省级层面的专家力量。在甘肃、陕西两省部分试点村及村所在乡/镇、县、市各级妇联干部开展的心理支持活动中，聘请了北京大学精神卫生研究所马弘教授团队及省级具有丰富经验的心理方面的专家进行参与式授课。

通过项目周期内所有活动的开展，在试点地区取得了以下较为明显的成效：

第一，村民的自主意识、参与意识有所加强。通过参与式脆弱性分析评估活动，项目试点村村民特别是妇女、儿童、老年人和残疾人等弱势群体，充分地享有了关爱、体贴与尊重，拥有了关注自身生存、保护和发展的机会，掌握了话语权，自我意识、主体意识被明显激发，许多人开始更广泛地参与村民活动、灾后重建，他们生产生活的自觉性、积极性、主动性有所加强，主人翁意识和对村庄的拥有感普遍增强。

第二，妇女的精神面貌、生活条件明显改观，且参与灾后重建的能力得到提高。通过以技能培训和少量资金扶持为主要内容的生计援助活动，通过各级妇联干部自觉地心理疏导与交流，伴随着政府及相关部门灾后住房重建、基础设施与公共服务设施建设力度的加大，项目村妇女因灾害而受损的身心逐渐恢复，生活的信心和勇气重新建立，特别是接受培训的妇女，思想观念发生了很大变化，发展生产、发家致富的愿望十分强烈。她们纷纷利用所学到的知识、技能和项目扶持的生产资料，开展从事切合当地资源和产业发展要求的农业生产活动。据了解，不论那些参加养殖以及结合当地旅游开发生产等成本相对较低、收益相对较快的培训，还是那些参加种植等生长周期相对较长的培训的妇女均已获利。

第三，针对妇女的生计援助活动对试点村整体经济发展产生了积极影响。在针对妇女的生计援助活动顺利开展后，一些项目试点村成立了合作社或基地，一方面可以降低、规避市场价格波动为妇女带来的负面影响，另一方面还可以让首批参与培训并接受生产资料的妇女发挥传、帮、带的作用，带领更多的妇女积极投身农业发展，从而对试点村整体经济发展起到了不同程度的拉动作用，试点村相关产业规模有所提高。

第四，妇联干部的协同能力、服务能力有效提升。通过参与式脆弱性分析评估和心理支持和干预培训等活动的开展，项目村所在地区的各级妇联干部拓宽了视野、活跃了思维，学到了科学、有效的群众工作方法，提升了自助自救和为灾区妇女提供综合性服务的意识和能力。项目实施中，各级妇联在与扶贫、农牧、科技、林业等政府职能部门和农业科研机构的沟通与合作中，锻炼了协同能力，掌握了综合扶贫措施的运用技巧，获得了社区工作方式的启蒙。项目不仅拓宽了妇联干部服务妇女的领域，更提高了她们服务基层、服务妇女的能力。

但我们不得不承认，在项目各相关活动的开展过程中，亦面临着多方面的挑战：

第一，生计援助活动覆盖面小、影响力有限。项目使一小部分妇女获得了实用技能，并使获得实用技能的妇女中的绝大多数得到了启动资金的帮助和扶持。而这部分人是项目村中文化程度相对较高、头脑灵活、有一定见识的妇女，仅靠她们去影响和带动其他处在极度贫困状态的妇女参与发展，而不加以其他的援助措施，则是不现实的。

第二，多领域、多层面协同难度大，各地区试点成果具有差异性。各试点村从生计援助活动中受益的妇女的发展现状有所差别，在参加相关生计培训并接受小型农用设备和生产资料，且有意愿扩大发展产业的基础上，能否争取到互助金，更多地取决于各地妇联与扶贫办间常年的伙伴关系。

第三，政府决策部门对弱势群体发展需求的影响力有待提高。在贫困的重灾区，特别是少数民族地区，由于受传统文化和生存环境的影响，弱势群体信息不畅，封闭保守，维护自己生存和发展权益的意识、能力还比较弱。他们的脆弱性和实际需求特别需要获得更多组织与机构的关注。

通过项目的实施，我们认为应该：

第一，进一步加大对灾区妇联干部的能力建设，加大对基层干部的心理健康知识普及教育力度，加大对灾区妇女发展生产的扶持力度，不断扩大项目受益人群，推进项目的可持续性发展。

第二，进一步提高对灾区妇女、儿童、老年人和残疾人等弱势群体的关注度，确定相关指标纳入项目目标及监测评估体系，进而纳入各级政府的目标考核，促进各项服务政策与措施的落实，努力帮助灾区弱势人群实现较高水平的生存与发展。

第三，着力加强对灾区群众综合素质及发展能力的培训，进一步加大政策扶持及经费支持力度，努力推动灾区群众尤其是弱势群体与当地经济社会同步协调发展。

（执笔人：邹晓巧，全国妇联国际部部长）

第九章 灾后住房恢复重建相关法律问题

一、前　　言

我国是一个自然灾害多发、频发的国家。其中汶川地震是新中国成立以来发生的最为严重的自然灾害之一。党和政府在应对这场灾难和灾后恢复重建中发挥了主导性的作用，并以卓有成效的工作赢得了国内外的充分肯定。经历了如此巨大的灾难，却又在难以想象的短时间内完成了灾后恢复重建任务，其中有许多值得总结的经验。目前各省区对口支援工作基本结束，标志着重建工作基本完成，此时进行经验总结具有更重要的理论意义和现实意义。灾后住房恢复重建是灾区人民最为关切的问题，也是党和政府极为关心的灾区民生保障工作的中心。在灾后住房恢复重建工作开展的过程中，涉及以下几个比较典型的问题：第一，如何解决恢复重建资金及资金分配问题；第二，如何处理城乡不同产权模式下的住房恢复重建；第三，如何确立单一农户的认定标准；第四，如何处理城镇区分所有人之间有关住房重建问题的分歧与争议；第五，如何解决救助和补偿中的公平与效率问题；第六，如何处理灾民之间、灾民与政府之间在灾后住房恢复重建有关事项上的认识分歧问题等。本课题将对上述问题进行归类和总结，并根据城乡的不同情况，分别就住房恢复重建补助标准、融资、区分所有建筑物的恢复重建等方面的问题进行分析，提出相应的法律建议。

二、住房恢复重建补助问题

汶川地震后的住房恢复重建工作取得了显著的成效，但住房恢复重建的补助和相关资金的使用方面还存在一些需要注意的问题。

（一）补助标准缺乏相应法律规范，相关矛盾突出

汶川地震后的住房恢复重建工作主要依靠政策调整，缺少相关的法律规范，其中最重要的住房恢复重建补助问题也是因地而异。国务院于 2010 年 7 月 8 日发布了《中华人民共和国自然灾害救助条例》（以下简称《自然灾害救助条例》）（2010 年 9 月 1 日实施），但没有涉及这个问题。

在实践中，灾区地方政府基本以户为单位对农民住房恢复重建进行补助。但是，如何确定“户”就有不同的方法，有的以户内人数为基础，有的以自然户为基础，有的以派出所登记为基础，不同的认定方法产生了不同的补偿数额，这导致了灾民对认定办法有意见；而具体的补偿数额又辅之以家庭收入情况为依据，但是，在同一灾区，大家的财产都在地震中遭受了巨大的损失，甚至都成为贫困户，这导致了办法在执行中往往有失公平；在住房恢复重建开始后，由于缺乏统一、明确的危房认定标准，对住房维修加固与重建的区分标准没有明确规定，有的灾民为了获得更多的补偿和减少投入，将住房附属设施拆除重建，或在主体房屋旁边修建偏房，这影响到重建资金的使用效率和公平。

（二）救助资金的发放和使用中存在着效率与公平的冲突问题

灾区地方政府为了提高恢复重建速度，完成恢复重建目标，将发放补助金和建设速度挂钩，于是出现农户集中重建的局面，进而导致重建初期建材价格上涨，因此部分灾民在后期要求政府补偿差价。

在灾后住房重建的过程中，国家统一安排下的对口支援是对灾区的巨大支持，并逐渐发展成了一种常态化的政府行为，但在对口支援中援建资金的使用效果上也存在一定的问题，比如建立了大量的示范性小区和校舍等，在当地财力有限的情况下，无疑增加了当地的后期维护成本，甚至反而成为灾区以后的财政负担，另外还可能存在人为制造贫富差异的政绩工程现象，甚至还存在财政资金的使用是否符合预决算的法律问题。

另外，未明确倒塌建筑物上的担保物权之效力是否及于住宅救助金，这同样会影响到救助金发放的效率与公平。《中华人民共和国物权法》（以下简称《物权法》）第一百七十四条规定，担保财产于担保期间损毁、灭失或者被征收的，担保物权人可以就获得的保险金、赔偿金或者补偿金等优先受偿。但是，政府为灾区群众发放的救助金属于极具人身意义的抚恤金范畴，其权利专属于灾民所有。因此从法理上讲，住房重建救助金不应属于抵押代位权的行使范围。相关规定应在法律中予以明确，以免发生争议。

可见，如何规范补助标准，并协调好住房恢复重建中救助资金发放和使用的效率与公平问题，始终是汶川地震灾后恢复重建以及我国日后处理同类情况需要思考和解决的问题。许多国家都在灾害救助法律中规定了各种灾害救助标准和促进住房恢复重建的规范，如日本的《灾害救助法》，美国的《灾难救济和突发事件救助法》以及我国台湾地区的《灾害防救法》、《灾害防救法施行细则》等。这些经验对我国也有借鉴意义。基于上述分析，特建议如下：

第一，在《自然灾害救助条例》第二十条中增加两款，作为第一款和第二款，原来的第一款改为第三款，总共三款。

第一款主要内容为：灾后住房恢复重建补助金分为财政资金和社会资金两个部分。财政资金包括中央专项资金，重建地方政府专项资金和对口援建资金等，社会资金包括各社会团体、企业事业单位、自然人等捐赠形成的重建资金。财政资金的发放和使用必须遵循效率与公平相统一的原则，以人口数为单位，按统一标准发放；社会资金必须根据当地政府提供的灾情，按照适当向极重灾区和弱势群体倾斜的方式使用，具体标准需在征求当地灾民意见的基础上报当地政府备案后方可实施。

第二款主要内容为：维修救助不区分户内人数，按照损坏程度分为轻微损坏、中等损坏、严重损坏三类，农村与城镇分别确定救助金额。重建救助应只以户内人数为标准，不区分受灾家庭收入状况。农村分为1~3人，4~5人和6人以上三类，城镇分为1~2人，3人和4人以上三类，农村与城镇分别确定救助金额。由国务院有关部门制定统一的房屋损坏等级制度，确定维修加固与重建标准。国务院可根据经济社会发展水平和物价变动状况确定救助金额。

第三款即为原第二十条第一款。

第二，在原第二十条之后增加一条为第二十一条，规定坍塌建筑物上担保物权的效力不及于住宅救助金。

第三，增加一条为第二十二条，其主要内容为：对口支援单位应与当地政府共同制定援建方案，并在征求灾民意见基础上报上级政府批准执行，禁止攀比。对口支援住房恢复重建应限定在临时住宅、农村集中居住点的配套基础设施、公共设施、城镇廉租房、安居房等具有公共性质的住房或设施上。

三、灾后农房恢复重建融资制度规范与完善问题

资金不足始终是灾后住房恢复重建的瓶颈，尤其是农房的恢复重建。为解决农户融资困难的问题，政府实施的主要政策有：（1）政府成立担保贷款公司或者设立贷款担保基金，支持农民贷款建房；（2）引入社会资金进行农房恢复重建，即农民与城市居民联合建房，企业参与统规统建或统规自建；（3）允许农户使用宅基地担保贷款获得资金。这些政策的实施保证了灾后住房恢复重建的顺利进行。不过，上述政策在实践中仍然存在争议和问题，主要包括：应如何看待联建房政策，如何规范与限制企业参与农房恢复重建，以及如何评判宅基地使用权融资担保的合法性。

（一）应当规范并限制联建房

灾区一些地方政府出台政策鼓励采用联建房方式解决重建资金问题，并将对象确定为地震重灾市县的原址自建和集中自建的受灾农户。农户获得联建方支付的宅基地使用年限内收益的贴现值，而联建方取得除农户自住面积外剩余宅基地的使用权。联建房政策可以使农户快速获得重建资金，联建方获得投资便利，地方旅游产业得到发展。不过，关于联建房政策目前仍存在一些争议与问题：

第一，关于联建房政策是否符合法律规定，法学界主要有两种意见：一种意见认为不违反禁止性规定，因为城市居民取得的是具有一定年限的房屋使用权和集体土地使用权，并非集体土地使用权的出租或者买卖。另一种意见认为违反禁止性规定，因为联建房模式实质上就是集体土地使用权的出租或宅基地使用权的变相买卖。另外，根据我国《物权法》第五条的规定，给联合建房的城市居民颁发房屋使用权证，未经法律规定就创设了一种物权类型，违反了物权法定原则。我们同意第二种意见，联建房政策在汶川地震这类大灾条件下对于完成重建任务具有重要作用，但是在常态社会中它不符合相关法律的规定。

第二，联建房合同性质模糊。根据灾区部分地方政府有关联建政策的规定，农村集体经济组织与联建方签订集体建设用地使用权出让合同，农户与联建方按规划许可及规划用地条件和流转合同实施联合建设。可见农户并非合同的缔约方，却受合同的约束，一旦发生纠纷难以确定权利义务的承担者。

第三，联建房政策的适用标准及范围不明确，实践中容易造成滥用。联建房政策的初衷是为解决农户住房重建资金来源不足的问题，但是实践中有些农户在已经兴建住房后，将仍空置的宅基地与城镇居民协商联建，甚至存在私下协商买卖宅基地的情况。

另外，联建房政策还存在一些其他的问题，如部分地方政府出台的联建文件只有生效日期，没有适用期限，而目前灾区农房恢复重建已基本完成；又如联建房政策适用具有局限性，联建主要集中在区位条件较好，具有产业发展前景的旅游风景区，等等。

为了在今后的自然灾害恢复重建中能充分发挥联建房政策的作用，同时又限制其滥用，我们认为应在相关法律规范中对联建房相关问题进行明确：(1) 确定联建房政策的适用标准及范围。由于联建房政策是为解决灾后恢复重建农户资金来源不足的问题，因此联建房政策的适用应符合以下条件：其一，住房倒塌或被鉴定为危房必须重建，且无其他住房的农户；其二，穷尽其他融资手段之后，资金仍然不足的农户；其三，联建应严格遵守当地的重建规划，不得占用耕地。(2) 今后在同类或其他自然灾害的恢复重建过程中，应在农房恢复重建任务完成之后，及时废止相应的临时性政策。

(二) 应当规范并严格控制企业参与灾后农房恢复重建

企业参与农房恢复重建是灾区住房恢复重建实践中的一种创新，其本质就是农村集体经济组织以土地使用权换取企业的建房资金，农民获得农房恢复重建资金，企业得到一定期限的集体土地建设用地使用权，然后由企业采用出让集体建设用地使用权或者是直接开发土地等方式获取回报。农村集体经济组织、农民、企业三方都从中获得了所需的利益，这对于推进灾后农房恢复重建具有重要的作用。但是，如果没有严格的法律规范，上述做法可能导致对集体土地使用权的滥用。因此应制定相关法律规范对下列问题予以明确：

第一，严格执行农村土地利用规划。首先，应明确企业参与统规自建与统规统建的主要任务，即参与实施统规自建的企业主要实施安置点的基础设施配套建设，参与统规统建的企业主要实施包括安置点住房建设和基础设施配套建设。其次，应明确企业使用空余的集体土地的条件。空余的集体土地应首先复垦为耕地，调整为建设用地的必须符合土地利用规划、纳入年度建设用地计划，并优先满足集体建设用地。根据土地利用规划用于旅游、服务、商业和工业等项目，应由国土部门办理集体建设用地使用证；需征收为国有土地的，实施主体应根据相关法律规定按征地政策法规落实土地补偿和人员安置。

第二，严格执行申报审批程序。企业参与灾后农房统规统建或统规自建的方案，必须提请村民会议讨论并经全体村民 2/3 多数同意后，方可办理。如有村民不同意的，不得强行占用该村民的耕地，并不得在其他方面区别对待。企业必须与村集体经济组织签订书面合作合同，由同意的村民签字，经乡镇政府审核并报经县级国土部门批准后生效。

（三）应当禁止宅基地使用权担保贷款

在灾后恢复重建过程，某些地方政府为了使农民通过担保贷款方式进行融资，制定了宅基地使用权担保贷款政策。但是宅基地使用权担保贷款目前没有法律依据，法学界对此颇有异议。

第一，关于宅基地使用权担保贷款的规定不符合我国《物权法》第八十四条的规定。《物权法》第八十四条规定，下列财产不得抵押：……（二）耕地、宅基地、自留地、自留山等集体所有的土地使用权，但法律规定可以抵押的除外。从目前情况来看，并没有关于宅基地使用权可以抵押的立法，因而宅基地使用权抵押贷款的规定和做法是不符合法律规定的，应予以取消。

第二，根据《物权法》第九十五条的规定，一旦农户不履行到期债务或者发生当事人约定的实现抵押权的情形时，抵押权人可以与抵押农户协议以抵押财产折价或者拍卖、变卖该抵押财产所得的价款优先受偿。可是，从宅基地的特点来看，它具有社会福利的性质，如果允许其抵押，就可能导致一部分农民失去最低的生存保障，不利于社会稳定。而在一项不可执行的财产上设定担保，也可能损害债权人的利益。

因此，我们认为应当禁止宅基地使用权担保贷款。

四、区分所有建筑物的灾后恢复重建制度完善问题

城镇住房恢复重建工作的进展相对缓慢，困难较多，其主要原因是《物权法》确立的区分所有权制度是根据常态社会设计的，对灾后恢复重建中涉及的问题没有相应规定。由此暴露出来的问题主要有：

第一，维修与重建决议规则实施效率低，使合意难以达成。我国《物权法》第七十六条第二款规定，对筹集、使用建筑物及其附属设施的维修资金，改建、重建建筑物及其附属设施等事项的决定，应当经专有部分占建筑物总面积2/3以上的业主且占总人数2/3以上的业主同意；对其他事项的决定，应当经专有部分占建筑物总面积过半数的业主且占总人数过半数的业主同意。《物权法》的重建、维修决议规则过于简略，在实践中难以为汶川地

震灾后恢复重建提供具体的依据，具体表现在：一是维修的决议规则不明确。《物权法》第七十六规定，维修资金的筹集与使用，适用“双重多数的2/3规则”，但对是否维修的决议适用规则究竟是适用“双重多数的2/3规则”还是适用“双重多数的1/2规则”，有不同的理解。二是决议“僵局”无法打破。《物权法》第七十六条仅仅规定了表决规则，但是对业主大会未满足召开条件或者决议事项未获通过的情况，没有规定解决方式。三是成员权行使主体范围不清。对于同一住宅小区，个别楼栋受损需维修加固或毁损严重需重建的，是受损楼栋全体业主召开会议并形成决议，还是需要整个物业小区全体业主召开会议并形成决议，我国《物权法》没有做出规定。

第二，我国《物权法》缺乏对“少数人”问题的制度安排。《物权法》第七十六条只对决议规则进行规定，但是对于不赞成维修和重建的业主如何保护他们的权利没有规则安排。虽然在恢复重建过程中，通过非正式制度的制约，“少数人”的问题也能通过各方的妥协达成一致，但是妥协的过程要花费较多的精力和时间成本。

因此我们建议，颁布相应的法律法规明确规定自然灾害中的住房维修与重建可以适用的规范，具体做法如下：

第一，完善维修重建的决议规则。首先，区分建筑物维修的决议规则可分为两种情况予以规定，重大维修适用“双重多数2/3规则”，一般维修适用“双重多数1/2规则”。其次，降低同意重建的门槛。灾区重建的经验证明，快速启动重建程序，减少重建表决造成的阻碍，有利于重建工作的顺利开展。目前，德国、日本和我国台湾地区均设立了重建简易表决条款。我国也有学者提出设立简易表决条款，在立法时可予以借鉴。具体做法是：第一次业主会议无法做出决议时，召集人可以就同一议案重新召集会议，由专有部分占建筑物总面积1/5以上的业主且占总人数1/5以上的业主同意做成决议，并送达各区分所有权人；持有异议的区分所有权人应在15日内书面提出异议，并在获得专有部分占建筑物总面积的1/2以上且占总人数1/2以上的业主赞成的情况下，推翻决议内容。最后，成员权行使主体应当以独立的一栋住宅楼为单位进行决议，而不应当以整个住宅小区为单位，由小区全体业主参加的大会进行决议。

第二，设置权利购买与权利变换制度解决“少数人问题”。首先，设立权利购买条款。重建决议通过后，同意重建者在一定期限内可以请求不同意重建者以时价出售其区分所有权的权利。不同意重建者也可以向同意重建者主动提出以市价购买其权利。此项权利属于形成权，任何一方提出，权利收购合同即成立。一方不履行收购或出售的义务，或收购价格达不成协议的，应诉请人民法院予以裁决。权利收购可以由部分业主或全体同意重建的业主集体购买，也可以由收购方指定的第三人收购。同时，此项权利的行使应有一定期限，如在有效的重建决议做出后 3 个月内。超过期限的，当事人应另行协商权利收购事宜或通过权利变换方式实施重建。其次，设立权利变换条款。区分建筑物重建中的权利变换就是让不参与重建的少数人的权利，转换为重建后的区分建筑物中的权利份额，按照权利变换计划中的权利价值及提供的资金比例，分配重建后区分所有建筑物的应有部分。这个份额可以是实物形态的区分建筑物之专有部分，也可以是金钱形式。变换成功的关键是权利变换前的房地权利及相关权利价值由专门机构予以评定。

五、结　论

灾后住房恢复重建是灾民最重要的民生问题，虽然国家已适时颁布了一系列保障汶川地震灾后恢复重建顺利实施的法律文件，并在灾后恢复重建中做出了卓有成效的工作，取得举世公认的成绩，但是适时总结经验教训，完善相关的法律法规，对于提高我国将来应对类似自然灾害的能力，无疑具有重大的现实意义。

（本文为已故的《中国法学》总编、中国人民大学法学院陈桂明教授生前主持的联合国开发计划署（UNDP）资助课题暨中国法学会部级重大课题《汶川地震灾后恢复重建和灾害风险管理》的阶段性成果，中国法学会研究部曾以“法学研究报告选摘”的形式报送中央有关部门。撰写人：西南财经大学法学院高晋康教授、唐清利副教授，《中国法学》杂志社陈贻健博士）

附录

联合国开发计划署项目文件

中国四川地震灾后重建暨灾害风险管理计划
2008 年 7 月

（封面）

国家： 中国

联合国发展援助框架　成果 **1**：社会和经济政策逐步改善发展成为更具科学性、以人为本和更加稳定持久的状态。

联合国发展援助框架　成果 **3**：到 2010 年底，确保环境可持续性，更为有效地管理自然资源和发展环境友好性行为。

国家项目成果 **7.5**：加强本国和选定国家对风险的分析和管理能力。

政府合作机构：国务院扶贫开发领导小组办公室（LGOP）

其他合作伙伴：国家发展改革委员会（NDRC），商务部（MOFCOM），民政部（MOCA），科技部（MOST），省环境保护局（EPB），中国国际经济技术交流中心（CICETE），中华全国妇女联合会（ACWF），中国老龄事业发展基金会（CADF），中国法学会（CLS），行动援助（中国），国际助残组织。

项目时间：2008. 9 – 2010. 8

项目构成：________

计划名称：中国灾后初期恢复暨灾害管理风险计划

计划 ID：____________

计划时间：24 月

管理安排：直接执行

总预算（US $）3500000

资源分配：BCPR

- 政府________
- 常规单位________
- 其他：
  - ○ 捐赠者________
  - ○ 捐赠者________
  - ○ 捐赠者________
- 实物捐赠________

未予经费补助预算：________

经同意：	名称/标题	签　名	日　期
商务部 （政府总体协调机构）			
国务院扶贫办 （政府主要实施机构）	王国良先生 副主任		
联合国开发计划署 （执行机构）	Subinay Nandy 先生 国别主任		

目 录

缩 略 语

ACWF	中华全国妇女联合会
BCPR	联合国开发计划署危机预防和复原局
CADF	中国老龄事业发展基金会
CERF	中央应急反应基金
CICETE	中国国际经济技术交流中心
CLS	中国法学会
DEX	直接执行
DRM	灾害风险管理
EPB	环境保护局
ER	初期恢复
FAO	联合国粮食和农业组织
HQ	总部
ILO	国际劳工组织
IPRCC	中国国际扶贫中心
ISDR	国际减灾战略
LGOP	国务院扶贫开发领导小组办公室
MOCA	民政部
MOFCOM	商务部
MOST	科技部
NDRC	国家发展和改革委员会
OCHA	联合国人道主义事务协调办公室
PSC	项目指导委员会
SBAA	标准基本协议
UNDAF	联合国发展援助框架
UNDMT	联合国机构间灾害管理小组

UNDP	联合国开发计划署
UNEP	联合国环境规划署
UNFPA	联合国人口基金
UNICEF	联合国儿童基金会
UNIFEM	联合国妇女发展基金会
UNV	联合国志愿者组织

UNDP

中国四川地震灾后重建暨灾害风险管理计划

2008 年 7 月

2008 年 5 月 12 日，一场里氏 8.0 级的大地震重创了距离四川省会成都市西北大约 92 公里的阿坝州汶川县及周边地区。截至 6 月底，地震造成 69000 余人丧生，同时有 374000 余人受伤，超过 18000 人失踪。共有约 4500 万人受到影响，许多人不得不撤离家园搬入临时安置房。近 3000 万农村人口失去了大部分财产，生计受到严重影响。中国政府商务部已经宣布，由于此次地震，生活水准低于贫困线的人口新增了 1000 万人。地震中共有 650 万座房屋被毁。余震、堰塞湖、山体滑坡和暴雨加剧了险情。中国当局估计，总体经济损失已近 2000 亿美元。

中国政府全力应对突发险情，营救生命并调拨救援物资。外交部已经正式要求联合国针对应急反应以及长期重建工作提供援助。联合国组织对这一灾难立即作出回应，通过“中央应急基金”（CERF）提供了 800 万美元的援助。作为这项工作的一部分，联合国开发计划署（UNDP）以分发帐篷、棉被和应急照明灯的方式提供了 200 万美元的救援支持。此外，联合国开发计划署（UNDP）参与了几次震后评估，包括地震对教育及环境的影响。它还计划针对地震引发的法律问题、农村能源以及对贫困的影响进行更多的评估。

在上述初期工作的基础上，联合国开发计划署（UNDP）计划在灾民安置、生计援助以及环境重建方面提供进一步支持。联合国开发计划署（UNDP）计划在 19 个受地震影响的最贫困乡村实施一项灾后重建暨灾害风险管理计划，这项工作符合联合国开发计划署（UNDP）扶贫减贫的使命。初期重建计划拟议的成果如下：

成果 1：通过提供技术援助并引入国际最佳实践，支持最贫困乡村的影响评估以及以社区为基础的农村全面重建计划进程。

成果 2：向受灾最严重人口和弱势群体提供生计援助，帮助他们重建并从地震影响中尽早恢复。

成果 3：向受灾最严重人口尤其是弱势群体提供社会心理及法律支持，使其参与恢复及重建进程。

成果 4：基于可再生能源利用以及当地自然资源管理的以社区为基础的能源环境规划方法，使安置社区获得清洁及改善的居住条件。

成果 5：通过提供能力建设及知识共享技术援助，在其他领域开展以社区为基础的灾害风险管理。

成果 6：研究、整理并传播最佳实践和知识，并强化内部能力。

中国四川地震灾后重建暨灾害风险管理计划
2008 年 7 月

1. 灾情分析

1.1　地震：损失和伤害

2008 年 5 月 12 日，一场里氏 8.0 级的大地震重创了距离四川省会成都市西北大约 92 公里的阿坝州汶川县。这场地震发生在北京时间 14:28，武汉、上海和北京都有震感。截至 6 月底，共发生 14325 次 3.9 级以上余震。5 月 25 日在青川县发生的一次里氏 5.4 级余震造成 8 人死亡。地震毁坏了 8 座城市，范围涉及四川（最为严重的）、甘肃、陕西、重庆、云南、贵州和湖北。

根据最新报道，地震共造成 69000 余人丧生，同时有 374000 余人受伤，超过 18000 人失踪。共有 4500 多万人受到影响，包括撤离家园并居住在临时安置房内的许多人。中国政府商务部已经宣布，由于此次地震，生活水准低于贫困线的人口新增了 1000 万人（见图 1）。

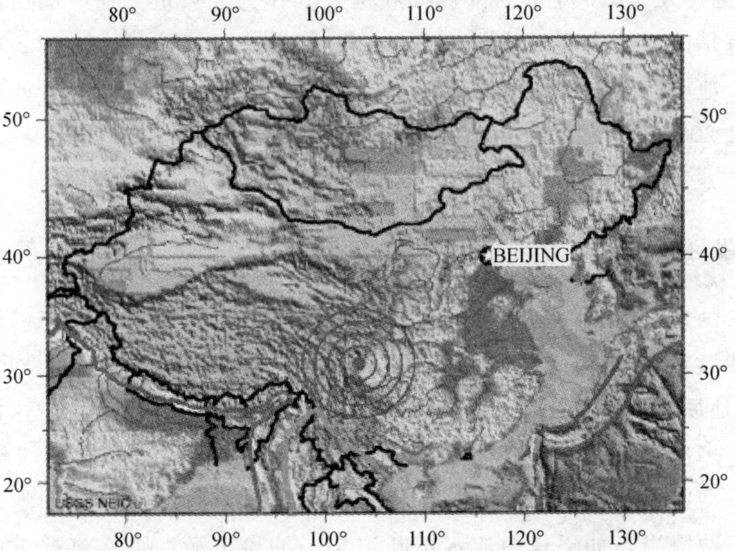

EASTERN SICHUAN,CHINA
2008 05 12 06:28:01 UTC 30.98N 103.32E Depth:19km,Magnitude:7.9
Earthquake Location

图 1

共有147万人为救援工作者援救，650万座房屋被摧毁。余震、堰塞湖、山体滑坡和暴雨加剧了险情。中国当局估计，总体经济损失已近2000亿美元。根据政府统计，工业直接经济损失达1048.7亿美元。截至6月末，四川省20000多家单位有50%开始恢复生产。由于28000座基站和千米电缆被毁，中国移动公司损失近10亿美元。中国国家电网公司，供应全国近88%的地区用电，必须花费近350亿美元为地震地区修复配电网。再加上今年早期由于雪灾造成的损失，明年夏天将会出现390亿千瓦的电力供应短缺。

四川是农业大省，其稻谷产量占全国的9.2%。农业产量占四川省GDP的20%，高于全国平均值12%。四川还是中国的主要食品猪肉的最大供应地，共有6000万头生猪，其中估计已有300万头在地震中死亡。稻谷和肉禽类产品的损失与地震对山区的严重破坏相比并不算严重。但是道路、低温、卫生系统以及仓库的毁坏会影响交通以及物件。据联合国粮食和农业组织（FAO）估计，农业部门的损失总额达到60亿美元。

据联合国粮食和农业组织（FAO）估计，有3000万农村人口失去了大部分财产，生计受到严重影响。近70000家零售店铺受到地震影响，总损失将近50亿美元。21000家店铺被彻底摧毁。作为五大世界遗产的所在地，旅游业一直是四川的主要经济收入之一。根据省旅游局统计，由于5月是旅游高峰期，地震已经造成的旅游经济损失近100亿美元。2007年，四川省旅游收入超过200亿美元，占全省GDP的近12%。全省有300000多人从事旅游业。

1.2 继发性灾难及其影响

这次巨大的灾难性地震已经导致大量继发性灾难，有可能在以后很长一段时间持续影响人们的生活。地震发生后，仅汶川县就经历了近5000次“继发性地质灾害”，包括上百次严重的山体滑坡和泥石流。由于这次8.0级大地震和多次严重的余震，很多河流被山体滑坡阻截，形成了“地震湖”；大量水以高速在山体滑坡形成的大坝后汇集，最终将在不断增加的水团重量的作用下冲堤岸，如果任由流水不断汇集，冲垮下游，那么将严重威胁附近上百万人的生命安全。截至2008年7月末，9个受到地震影响的县市内形成的35个“地震湖”中，31个已经宣布解除危险警报。其余几处仍然威胁着当地人民的安全。最近几次大降雨和洪水又进一步威胁到人民的生命财产安全。因此，当地政府已经将72000人从“高度危险区”转移到安全区，以避免山体滑坡和其他灾害再次造成重大损失。

同时，政府指派国家公共卫生队轮流前往灾区，帮助当地政府进行疾病预防和控制。到目前为止，没有传染性疾病暴发的消息。但是在人民重新安置区和农村灾区，用水安全以及环境卫生等问题在未来的8~18个月这一较长的转折期内仍然需要被高度重视。

1.3　中国政府应对和重建计划

中国政府调动了大规模的军方援救力量。为了及时救援，137000名士兵进入灾区。截至6月末，已经动员了139642名医护人员。大部分是学生和年轻人构成的150000多名志愿者已经从中国的四面八方来到灾区协助当地政府。

根据卫生部（MOH）的统计，从地震发生后，医院已经接收了88000多名受伤人员，其中超过58000人已经出院。卫生部官员指出，这次地震已经毁坏了该区域内的卫生基础。政府已经建立起12所战地医院，帮助重新建立医疗能力。

截至6月末，已有157万个帐篷、486万张毯子、1410万套衣服、146万吨燃料和313万吨煤炭运送到灾区。中国政府已经动员国有事业单位在3个月内为在上个月的大地震中的幸存者建立100万间活动房屋。政府已经命令国有聚苯乙烯和钢铁生产商为满足建立临时住房的需要而加大原材料的生产量。

据国务院地震救灾指挥部报道，由于大量城镇和村庄需要在新址上重新建立，灾后重建工作将需要很长时间。国家发展和改革委员会（NDRC）已经成立了国家震后重建计划组，主要负责制定震后恢复和重建计划以及进行相关政策研究。震后3个月，国家发展和改革委员会（NDRC）即制定出灾后恢复和重建3年总体规划。

2. 联合国系统驻华机构对地震的应对

联合国系统在地震后立即通过中央应急反应基金（CERF）捐出800万美元的援助金。近9000个帐篷、62000床棉被以及162吨食品已经送往灾区，而更多的帐篷、药物、净水片以及应急照明灯正在运往灾区的途中。为妇女和儿童准备的100吨卫生用品和营养物品正在紧急运往受地震影响最为严重的13个县。

虽然目前还没有制定出多部门综合评估，但是联合国几个小组已经完成了救灾和灾后恢复需求的评估。根据这些评估结果，联合国灾害管理小组（UNDMT）召开了几次会议，研究灾情，制定初期恢复计划。联合国系统驻华机构发出呼吁：支持将在未来6个月内执行的灾后初期恢复计划，同时，这些议案也需要捐赠者的支持。作为回应，加拿大政府捐赠了200万加拿大元支持住房及生计工作。

联合国秘书长潘基文于5月24日前往四川省某县探望灾民，这一举动进一步推动了联合国系统对这次灾难性地震的回应。他对联合国在灾后恢复和重建中支持中国作出保证。这次灾区之行中，秘书长强调指出在中国同时进行短期救灾和长期恢复重建两个策略的重要性。秘书长在此行中表示，正在筹划的几个帮助中国政府恢复和重建的首要措施反映了联合国系统帮助中国人民灾后恢复和重建的团结精神。

2.1 联合国开发计划署（UNDP）的救灾和早期重建干预

联合国开发计划署（UNDP）已经采取行动帮助中国政府救灾、灾后恢复和重建。通过救灾行动，以及使用中央应急反应基金（CERF）捐赠的200万美元，联合国开发计划署（UNDP）购买了3158个帐篷、62000张棉被以及1000盏应急照明灯，并于6月中旬分发到灾区。

联合国开发计划署（UNDP）还组织队伍几次赶赴灾区，以便能够作出快速评估、理解灾区情况以及充分利用联合国开发计划署（UNDP）的救灾支持。到6月末，联合国开发计划署（UNDP）参与了地震对灾区教育影响的评估，以及对灾区生态系统的其他快速评估。7月中旬，一个法律专家队伍被派遣到受灾地区，评估地震后灾区出现的法律问题。联合国开发计划署（UNDP）与当地政府合作，也准备对地震给贫困农村地区造成的影响作出评估。

联合国开发计划署（UNDP）已经通过改善重建过程中人们的临时居住条件，为改善地震灾区的环境条件提出议案。同时还提供了帮助灾区人民恢复生计的紧急帮助计划。联合国开发计划署（UNDP）还建议给中国政府以及其他相关机构提供技术帮助以制定和执行地震重建计划。其中有些计划，是联合国开发计划署（UNDP）同联合国内其他相关机构联合制定的，例如联合国人居署（UN－Habitct）、联合国环境规划署（UNEP）、国际劳工组织（ILO）和联合国粮食和农业组织（FAO）。但是，所有计划建议都是以紧急援助为目标，并且将在未来的6个月内实现援助。这些计划已经提交给联合国现场协调员，负责领导捐赠合作和资源动员。

联合国开发计划署（UNDP）同时还向私营部门寻求重建援助。它组织了一次由微软公司举办的展示，其中包含了在支持重建过程中可能需要的硬件和技术支持，并以过去在受灾地区的实际经验为基础，对此进行了讨论。诺基亚—西门子网络已经确定将对联合国开发计划署（UNDP）投入60万元人民币（大约88000美元），帮助在四川的平武县建立学校。联合国开发计划署（UNDP）也正在积极地对现有项目进行重新安排，以便更好地救援地震灾区人民。

以上述的救灾和初期恢复活动为基础，联合国开发计划署（UNDP）正在制定一项长期战略，以支持中国政府初期恢复和重建灾区。大概有35个政府部门已经被任命制定自己相关部门的初期恢复和重建计划。国务院扶贫开发领导小组办公室（LGOP）以扶贫帮困为己任，已经成为实施震后计划和重建（附录I）的主要机构之一。国务院扶贫开发领导小组办公室（LGOP）以其减贫工作为基础，将通过部门合作、资源动员、社会授权和影响评估，计划和开展综合性乡村重建工作。国务院扶贫开发领导小组办公室（LGOP）已正式邀请联合国开发计划署（UNDP）作为一个长期合作伙伴，加入4800余个受灾严重的贫困乡村的重建计划和执行过程。对于以减贫为己任的联合国开发计划署（UNDP），集中援助最贫困地区的重建工作将适合其战略目标。

2.2 联合国开发计划署（UNDP）援助的社会经济环境①

甚至是在地震发生以前，四川省内有15%的中国极端贫困人口，21%的人口生活在国家最低收入线以下；共有1041万人每年的人均生活费不到944元。共有8000余座贫困村庄，其中大概超过4800个村庄在此次地震中严重受灾。位于偏远山区的极端贫困村庄灾情尤为严重。

① 四川扶贫办公室的贫困数据；其他来自联合国数据源。

从非收入指标来看，中国这些地区的发展还是极具挑战：

○ 四川省每1000名儿童中，有43名不到5岁就死去——比国家平均值高81%，是上海的近10倍。

○ 1/4妇女在生产时仍然没有专业医疗人员帮助，使得妇女死亡率比全国平均值高出64%，比上海高840%。

○ 四川就成人平均识字水平看来，位于31个省的第24位，文盲率比全国平均值高出50%，23%的妇女全文盲。

○ 以联合国人类发展指数来看，四川省位于第24位，比上海低20%。

根据最近实地情况，预计已经至少有300万生活在极端贫困条件下的村民直接受到地震的影响，政府官员预计中国生活在极端贫困条件下的人口总数可能已经因此而上升到1000万人，仅灾区人口就增加了50%。每户的直接损失预计平均为3500美元，是他们年收入的10~15倍。

法律评估组发现，地震后产生了大量的法律问题。许多问题是围绕弱势人群康复治疗的权利、政府补贴和补偿、土地和财产权、重新安置和就业等方面的。需要从规划阶段就考虑这些重要的和交叉的问题，以确保重建工作有序高效地执行。但是，在现有的法律框架内，这些问题的解决方案可能不是现成的，并且将需要作出更多的努力来处理。

由于交通、通讯和获取信息方面的困难，据报道，受灾严重的村庄还没有得到应有的重视和资源。在正在进行的整个恢复和重建计划框架中，对于农村极端贫困地区的整体重建和发展还没有一个清楚完整的策略。贫困地区在人力和制度方面恢复力差，因此，可能会在重建过程中更加落后。

2.3 妇女以及其他弱势群体

据报道，每年四川省有大量劳动力流向中国的其他地方和国外，其中大部分是男人，留下女人在家里承受主要的农业、林业和动物饲养等工作。地震使人们丧失了农田土地、工具、家畜以及灌溉，进一步加重了妇女的负担。另外，地震使很多孩子成为孤儿，同时还有一些尤为弱势的老人和残疾人，在重建过程中，他们需要外部力量的帮助。但是国务院扶贫开发领导小组办公室（LGOP）预计就贫困灾区的人力、能力、初期恢复和重建基金等会有很大的问题，使得联合国对地震中遗留下来的弱势群体的支持和帮助更加迫切。

2.4 持续救援和支持需求

大规模计划和执行就需要大量技术服务，需要对中国各级政府以及其他相关机构在参与恢复和重建过程中进行组织和支持。

作为地震恢复和重建准备工作的一部分，国务院扶贫开发领导小组办公室（LGOP）提议下一组活动并正式向联合国开发计划署（UNDP）提出援助需求：

a. 指导评估地震对灾区贫困程度的影响，并且通过一套方法和指标来制定一个评估模型。

b. 为震后贫困村庄制定恢复计划。4800 多个村庄（四川 3000 个，陕西和甘肃 1000 个）300 万贫困人口受地震影响。

c. 选择适当的重建指导项目。重建工作应该包括社会经济生活发展的各个方面：生计、经济活动、住处、环境以及人力资源发展。

d. 应立即启动产生收入的活动。应该提供更多的就业机会，尤其在当地的部门重建中增加当地劳动力的就业机会。需要重新恢复农业生产，主要企业应该得到特殊帮助。

e. 提出相关政策建议。应该特别关注受灾严重的县和贫困地区。政府经济支持应该首先投向贫困村庄。

国务院扶贫开发领导小组办公室（LGOP）为村庄恢复和重建制定了综合指导计划，并于 7 月中旬作为总体规划的一部分提交给国家发改委。同时，在英国国际发展部（DFID）的支持下，于 8 月开展了第一轮针对贫困村级的农村重建规划。现有规划重点关注重建物理基础设施，恢复公共服务及住房，贯彻了国家总体规划的指导原则及方法。根据其在长期减贫中的角色，它还要求联合国开发计划署（UNDP）为进一步发展实施这些试点计划提供紧急技术援助，通过结合国际最优实践加强对其他重要领域的工作，如男女平等、公平及环境。联合国开发计划署（UNDP）将与国务院扶贫开发领导小组办公室（LGOP）及其他合作伙伴建立长期合作伙伴关系。政府将是总体恢复重建计划的主要规划者和实施者，UNDP 将加强合作，从各个渠道搜集由各级政府及各个组织支持的正在进行及已经完成的工作，从而使 UNDP 的早期重建战略符合国家及地方的更新计划和时间引导的优先考虑的变化。详细的灵活性实践将在管理安排部分讨论。

2.5 联合国开发计划署（UNDP）的附加价值

鉴于中国政府将为总体恢复和重建工作的主要规划者和执行者，联合国开发计划署（UNDP）的目标策略在于提供和运用其在全球合作中积累的经验和知识，从而能够在国家和地方层面上为重建过程添加价值。根据《国家汶川地震灾后恢复重建总体规划》，中国政府将集中力量重建物质基础设施、修复公用设施和住房。联合国开发计划署（UNDP）将要进行的农村恢复工作一方面要遵照国家和地方的重建计划，避免重复浪费。另一方面，与其优先领域保持一致，将关注高质量重建过程“较为软性”的方面，比如，环境保护和能源效率、生计恢复的机构和个人能力建设、妇女和弱势群体的权利保护、对需要帮助的人们提供社会援助等。联合国开发计划署（UNDP）以社区为立足点而广泛地进行合作，同时为了补充和利用中国政府对社会公平和长期可持续发展方面的投入，创设影响，宣传经验，从而广泛地推广。

基于UNDP在灾害预防和恢复的国际经验，设置一个清晰的目标战略，利用其专业水准和经验在国家和地方层面上为重建添加价值非常重要。UNDP将提供各种形式的适应需求和地方情况的技术援助，如讲习班、研讨会、培训、会议、实地考察及刊物等。同时需要强调，这个过程应该两面执行。中国在救灾及灾后回应方面的效率及成功被高度赞扬，因此世界向中国学习经验同样重要。UNDP同时鼓励中国政府及人民，通过国际会议、交流活动、归档及传播等平台向世界最佳实践和经验做出贡献。详尽知识管理安排将在成果6及传播策略中讨论。

3. 联合国开发计划署（UNDP）的恢复和重建战略

联合国开发计划署（UNDP）在尽可能的程度下避免执行建设活动。实际建设活动应该大部分由中国政府和其他执行伙伴的资源支持。联合国开发计划署（UNDP）的支持是以改善初期恢复计划的各个方面质量为目标的。将通过以下策略得到实现：

（1）联合国开发计划署（UNDP）将为贫困地区恢复计划和弱势群体提供帮助。计划中将着重强调贫困和灾难的关系，目的是减少目前和未来的受灾贫困地区的易受损害程度，尤其是位于交通不便地区的人民。

（2）联合国开发计划署（UNDP）将利用其资源和专业技能积极影响和

改善中国政府地震后恢复和重建计划的执行。它将通过指导和构建当地和国家官员办事能力，引进国际上最佳的震后重建计划的实践经验，将国际经验融合运用于国家灾后重建的努力中去。

（3）联合国开发计划署（UNDP）将寻求和提出一个社区级地震恢复综合计划，包括住处、生计、就业、社会和心理社会服务以及社区机构等。总体目标就是改善人民生活条件和灾区人口恢复能力，以及为政府正在执行的和未来执行的计划提供有用的参考。

（4）联合国开发计划署（UNDP）将通过安全建设、更好地利用土地资源计划以及各部门的灾难准备工作来减少风险。它以在计划和执行恢复和重建过程中减少灾难风险为目标，以便加强对未来灾难的预防。

（5）联合国开发计划署（UNDP）将与联合国其他机构、非政府组织以及公民社会组织等合作，利用各个机构的优点和特长，利用联合国系统的资源，最大限度地从恢复计划中取得收获。只要能执行，它还将与中国繁荣发展的私营单位建立合作伙伴关系，以便使他们的技术和其他能力能够到达中国的贫困地区。

（6）联合国开发计划署（UNDP）将在执行此计划的过程中发展其自身内部初期恢复和执行以及减少灾害风险的能力，使其能够长期解决中国问题。

（7）联合国开发计划署（UNDP）将以灾区条件的事实评估结果为基础制定以事实为依据的干预计划，将少数地区的文化差异、男女的不同需要以及孤儿、老人、残疾人以及与 HIV 病毒携带者和 AIDS 病患者生活在一起的人们和其他弱势群体纳入到考虑范围之内。

（8）联合国开发计划署（UNDP）将在减少灾害风险方面促进两性平等，并在支持男女高质量的重建工作中确保促进两性平等的恢复。将要作出努力，以保证给予妇女独特的权益以及均等享用重建材料的机会。

参考文件

1. 联合国开发计划署（UNDP）的《初期重建指导说明》。

2. 联合国开发计划署（UNDP）的《关于危机预防和恢复中妇女赋权和两性平等的八点议程》。

3.1 联合国开发计划署（UNDP）支持的灾后重建计划范围

联合国开发计划署（UNDP）将与国家和地方层面上广泛的合作伙伴携手在19个最贫穷的试点村庄里执行早期重建计划。经与国务院扶贫开发领导小组办公室（LGOP）磋商，这些村庄将以包括社会经济条件、毁坏程度以及易损坏状态为标准得到确认。通过这一计划，联合国开发计划署（UNDP）将在初期恢复活动中为这19个村庄提供经济和技术支持，但是有一部分工程基金将被使用于更大范围内的能力构建、减少灾难风险活动以及执行问题。

鉴于中国政府是重建工作的负责方，联合国开发计划署（UNDP）主要在概念、方法、专门知识和管理方面给予帮助。有理由相信，适当地制定和实施能力建设行动，将不会对项目推广造成影响。另外，国务院扶贫开发领导小组办公室（LGOP）与当地政府一起将对向试点村庄投入的总额作出调整，以确保对试点和非试点村庄的投入公平，从而可以避免因额外计划资助带来的不公平。

在某种程度上来说，所选定的19个试点村庄具有代表性，并且体现了农村重建工作中的各种需求。基于此，在项目指导委员会批准之后，也可以对计划进行调整，以确保资源针对急需者，比如，偏远村庄、不易到达和获得外来援助有限的地区。

联合国开发计划署（UNDP）也注意计划将不在受惠者中造成依赖的情况，并且将支持和鼓励自发重建工作。该执行计划和预算分配将能够平稳过渡到当地社区的持续重建中。

联合国开发计划署（UNDP）还将通过捐赠者对联合国初期恢复计划的回应，力求将本项目与其他可利用的资源相整合。联合国开发计划署（UNDP）把资源融入到计划和执行过程中以及应该采取何种行动等决策性问题交给项目指导委员会裁决。

3.2 时间框架

该计划将在一个为期两年的时间框架内实施。联合国开发计划署（UNDP）将自2008年9月起启动计划的实施，并于2010年8月终止。

4. 计划成果

与国务院扶贫开发领导小组办公室（LGOP）合作，联合国开发计划署（UNDP）将执行的计划包括以下成果：

成果1：通过提供技术援助并引入国际最佳实践，支持最贫困乡村的影响评估以及以社区为基础的农村全面重建计划进程。

成果2：向受灾最严重人口和弱势群体提供生计援助，帮助他们重建并从地震影响中尽早恢复。

成果3：向受灾最严重人口尤其是弱势群体提供社会心理及法律支持，使其参与恢复及重建进程。

成果4：基于可再生能源利用以及当地自然资源管理的以社区为基础的能源环境规划方法，使安置社区获得清洁及改善的居住条件。

成果5：通过提供能力建设及知识共享技术援助，在其他领域开展以社区为基础的灾害风险管理。

成果6：研究、整理并传播最佳实践和知识，并强化内部能力。

计划成果描述

联合国开发计划署（UNDP）将使用现有的操作模式和提供机制来执行以上措施。这些活动具体包括：

成果1：通过提供技术援助并引入国际最佳实践，支持最贫困乡村的影响评估以及以社区为基础的农村全面重建计划进程。

作为该计划的一部分，联合国开发计划署（UNDP）将为国务院扶贫开发领导小组办公室（LGOP）提供技术支持，指导评估灾区贫困程度受地震的影响程度，组织小组讨论其调查结果。该评估结果将为以社区为基础的综合恢复和重建计划的发展提供基础投入。联合国开发计划署（UNDP）还将支持制定评估灾难对贫困影响的指标和方法，为农村地区重建计划提供国际可用最佳实践。

联合国开发计划署（UNDP）技术支持的一个重要构成成分是构建在当地使用原则和方法施行综合农村恢复计划的能力。基于英国国际发展部（DFID）及国务院扶贫开发领导小组办公室（LGOP）在能力建设共同协作，培训当地扶贫工作人员规划农村恢复工作，UNDP将支持针对其他（地方级）指定贫困乡村政府人员的培训。以及对尽可能大规模的为更多贫困的乡村进行技术支持。

联合国开发计划署（UNDP）将与国务院扶贫开发领导小组办公室（LGOP）紧密合作，促进非政府组织和私营合作伙伴参与到该计划的制定和执行阶段。联合国开发计划署（UNDP）将与相关组织进行磋商，以此组织计划程序。尤其应该在重新安置计划中把妇女问题加以说明。经与国务院扶贫开发领导小组办公室（LGOP）磋商，它将支持机制/服务以确保提供项目构成时的质量标准。

成果2：向受灾最严重人口和弱势群体提供生计援助，帮助他们重建并从地震影响中尽早恢复。

作为农村恢复整体计划的一部分，联合国开发计划署（UNDP）将与国务院扶贫开发领导小组办公室（LGOP）、科学技术部（MOST）以及私营单位合作伙伴等合作共同制定和执行以生计为基础的策略。UNDP将利用与科学技术部（MOST）现有的合作以及由科学技术部（MOST）领导UNDP协作的技术工作队（TTF）制度。将为社会团体提供少量捐赠（每户不超过200美元原材料和工具包）以重振其生计。同时还指出该地区内的农村财政机构、银行和公司等将通过流动资金的方式为灾区家庭给予进一步支持。

联合国开发计划署（UNDP）将以提高技术水平加强就业能力为目的来安排以下培训：

a. 培训非正式单位员工，开始/继续他们从事的活动，以组为单位对性别问题敏感的单位进行组织。

b. 与企业集团与私营公司合作培训村民IT、通讯以及其他恢复农业生产需要的技术。

c. 对相关建筑单位进行技术培训。由于在该地区将有大规模的重建项目，因此很多如石工、木匠以及水管工等将有很大的需求。

d. 对农民进行农产品加工以及其他农业商业活动的培训，恢复农业生产。

e. 对妇女、少数民族和其他弱势群体进行有针对性的培训，提高他们参与恢复活动的能力。

地震对农业和非正式商业造成了严重损失——这两个行业传统上都是由妇女从事的。因此，灾区妇女由于其教育水平、背景、工作经验以及负责家务劳动所带来的负担等原因，最易失去工作。地震后不久，联合国妇女发展基金会颁布法令以呼吁关注对妇女使用土地、获取资源和教育的平等权。

在对农村地区恢复和重建援助过程中，联合国开发计划署（UNDP）将重点放在关注妇女和其他弱势群体在恢复过程中的需求和兴趣上。至于生计援助，至少40%的培训工作将针对妇女。如果有必要的话，参加培训的村民尤其是妇女将被给予少量捐赠以发展自己的产业。

成果3：向受灾最严重人口尤其是弱势群体提供社会心理及法律支持，使其参与恢复及重建进程。

对灾区人民的社会心理支持已经成为目前所进行的所有影响评估中得到确认的需求。大范围的倾塌和大量死亡所造成的创伤如此严重，许多受灾家庭都需要长时间的社会心理支持。

联合国开发计划署（UNDP）在帮助当地政府解决关于弱势群体问题过程中起咨询作用。它将制定计划以保护弱势群体基本社会服务的权利，包括失去家庭保障的老年人以及地震中致残的人们。这些服务和保障中的很多将通过指定为此目的的专业化机构提供。

经过与专业化机构和联合国机构如联合国人口活动基金会（UNFPA）和联合国儿童基金会（UNICEF）的共同协商和合作，联合国开发计划署（UNDP）将组织必要的心理社会支持，包括专业咨询服务、讨论适当行动战略和需求的研讨小组，如果有必要的话，将建立专门的咨询中心，人们就能够找专业辅导员倾诉自己个人或家庭的问题。联合国开发计划署（UNDP）还将与合作伙伴紧密联系，共同解决如何将心理社会成分融入到整个重建过程中去的问题，例如住处重建和生计、家庭如何参与到这些计划中并保证最大的效益等。

除了重大生命财产损失之外，地震还引起了很多法律问题，包括土地权、继承权、收养以及津贴等问题。联合国开发计划署（UNDP）组织了一个法律专家小组，将奔赴灾区，对当地所需的法律援助需求作出评估。基于评估结果，并通过专业化机构和专家指导，联合国开发计划署（UNDP）将对需要解决这些问题的灾区提供法律援助。

在提供心理社会服务和法律服务的过程中，妇女应该是重要的目标群体。另外，在这一过程中，对性别较敏感的策略将被采用。

成果 4：基于可再生能源利用以及当地自然资源管理的以社区为基础的能源环境规划方法，使安置社区获得清洁及改善的居住条件。

大量房屋和建筑物倒塌造成了大量的废墟，这将成为威胁环境发展的危险之源。联合国开发计划署（UNDP）将援助当地政府以对环境不构成伤害的方式处理碎片，清理废墟。需要划定一个垃圾填埋区。

联合国开发计划署（UNDP）的废物清理策略将由重置计划的优先考虑项目指导。需要清理和改善地震后环境，以便重新开始建设。联合国开发计划署（UNDP）将为改进环境条件和恢复社会共有财产资源提供技术支持。联合国开发计划署（UNDP）将支持利用自己的资源作为首要展示措施，在特定地点进行废物处理和环境改善活动。

作为农村恢复整体计划的一部分，联合国开发计划署（UNDP）还为修补现有水体提供援助。山村的这些修补工作将通过加强河岸和清理河床以改善水补给和水储存效率的方式来进行。它将努力通过增加社会和山区人造林的方式来改善山村植被覆盖率。它还鼓励通过安装太阳能装置来利用可更新能源，这样那些全新的住房就能使用新能源。联合国开发计划署（UNDP）还将支持那些鼓励生物多样性以及人们的环境意识等支持性活动。在村庄计划这些环境改善问题过程中，执行机构会征求妇女们的意见并寻求他们的参与。

联合国开发计划署（UNDP）通过一些常规计划支持着农村的很多活动。它将利用这些经验和知识来执行这些计划。

成果 5：通过提供能力建设及知识共享技术援助，在其他领域开展以社区为基础的灾害风险管理。

根据国家策略要求，联合国开发计划署（UNDP）将在 19 个确认的贫困乡村进行以社区为基础的灾害风险管理。

这次地震将国家和地区政府的注意力都集中到对灾害的充分准备问题上。对于政府来说，执行一项提倡减少风险、增加政府处理灾害能力的计划是十分重要的。虽然联合国开发计划署（UNDP）在很多国家已经执行了很多以社区为中心的计划，但是其在中国关于这方面的参与还是很少的。该计划将与国务院扶贫开发领导小组办公室（LGOP）以及其他在国家和地区级负责灾害管理的单位共同合作执行。

联合国开发计划署（UNDP）确保恢复和重建工作环境，以促进制定减少灾害风险的议程。这将包括很多在社区和当地开展的活动，但是在一段时间内规模将扩大。

联合国开发计划署（UNDP）的计划将促进各个部门减少灾害风险，提倡在所有部门宣传各种防地震技术和其他安全知识，例如健康、教育和机构建设等。联合国开发计划署（UNDP）将与卫生部门的机构合作，共同承担作为灾害风险管理一个基础部分的公共卫生准备工作。它将与教育部门的相关机构合作，确保防地震技术在学校建筑中的运用，并强制要求学校遵循其他灾害管理实践。它还将支持制定房屋住处和基础设施工程的指导方针，以保证所有的土地使用条例都得到遵循，所有的防危险技术都得到运用。

在灾害风险管理计划中，联合国开发计划署（UNDP）将支持相关的风险评估活动，发展早期预警系统，并制定处理回应和备灾的灾害管理计划。这一计划将在19个乡村试验。联合国开发计划署（UNDP）将在地区制定一个缓解战略，提出土地使用计划和安全建设实践，支持当地政府构建灾害管理能力。联合国开发计划署（UNDP）将利用该计划在四川省和其他地方大规模地扩大以社区为基础的灾害管理计划，在省和国家层面支持能力构建和知识共享型活动。在所有以社区为基础的灾害风险管理活动中，妇女将积极参与。

成果6：研究、整理并传播最佳实践和知识，并强化内部能力。

自然灾害已经被公认为是造成中国贫困的主要促成因素之一，恢复过程应该主要集中在减少贫困问题上。这次灾难性的地震使得贫困人口遭受最严重损失，同时他们需要很长时间来恢复。根据国务院扶贫开发领导小组办公室（LGOP）统计，四川省50%贫困村庄遭到地震严重毁坏，毁坏程度是所有受灾村庄平均程度的5倍。在决策制定层面很清楚地理解到，灾难恢复、准备工作以及缓解应该通过各种措施与减少贫困相联系。联合国开发计划署（UNDP）应该与民政部（MOCA）和国务院扶贫开发领导小组办公室（LGOP）密切磋商，进行一项将灾害风险管理和减少贫困相结合的长期战略研究。在执行恢复和重建计划过程中学到的经验和教训还将为以后的研究提供数据和事实依据。

宣传战略

根据以前的和现有的灾害风险管理计划，该计划将支持知识产品如宣传册、ICT材料以及手册等的制定和宣传。该计划还将就某一特定主题针对国家、省以及地方级的不同观众组织讨论小组和意见交流活动。这些活动将解决社区级初期恢复、重建、灾难准备和管理等相关问题。通过多线方针，宣传工作以完成三重目标为目的：

——建立对该计划的广泛理解；

——加强理解和合作伙伴关系；

——宣传知识，并把知识转化成行动。

表1说明该计划将如何参与到与其合作伙伴共同执行的加强宣传效果的各种活动中。

表1　　宣传战略

目的	针对群体	工具	时间
提高对该计划工作的意识	公众、媒体、学术及兴趣组织，现有和潜在的合作伙伴	电子邮件、网站、出版社发行、宣传册、时事通讯、ICT材料	2008年9~12月网站定期更新
建立合作伙伴和承诺	联合国机构各级政府发展组织，NGO，CSO受益人群和其他利益相关者	正式和非正式会议、电子邮件、电话、面对面交流、联合任务、参与研究、会议、意见交流	2008年9~12月整个计划过程
更新计划进度	总部、区域办事处、计划受益者、联合国组织以及其他发展组织	简报、报告、时事通讯、研讨会、展示、宣传册、书面项目个案分析	每3~6个月周期性定期出简报和报告
宣传知识，并把知识转化成行动	公众、媒体、学术专业网络	网址、论文、出版物、个案研究、展示/报告、研讨会	2009年1月~2010年8月

在项目执行过程中，联合国开发计划署（UNDP）与合作伙伴共同合作，共同审查宣传战略，做出适当调整，以满足实际需要，最大限度的达到宣传效果。

内部能力构建

联合国开发计划署（UNDP）将努力提高执行该计划所有方面和其他为

支持恢复和重建计划所启动的活动的能力。这种能力只有通过在联合国开发计划署（UNDP）建立一个内部机构才能实现。建议在国家办事处建立一个工程单位——恢复和减少灾害风险单位，以一个小团队为该计划提供执行支持。该项目单位将与政府、其他联合国机构以及捐赠者合作。后期它还将在四川建立现场办事处，监督与初期恢复相关的所有活动。项目单位和现场办事处的细节在该计划的执行安排一节中提到。

5. 管理安排

5.1　组织安排

该项目将由联合国开发计划署（UNDP）中国办公室执行，该办公室将负责资源的整体利用及项目目标的实现。联合国开发计划署（UNDP）国别主任将在项目协调员的支持下，提供项目政策及执行事宜的全面监督和指导，直接负责成果的获得。

鉴于联合国开发计划署（UNDP）要长期从事地震重建及四川省的减少灾害风险问题，建议在国家办公室内设立一个灾后重建灾害风险管理小组（ER&DRM），后期还将在灾区设立一个现场办公室。ER&DRM 小组将作为国家办事处的一个专业技术和项目管理单位，在过渡和发展的背景下支持一揽子项目，以应对灾后社会与经济重建，并减少自然灾害风险。ER&DRM 单位将包括一名项目协调员（组长）以及一个项目助理。现场项目管理办公室将包括一名减灾与生计顾问、一名性别专家以及两名致力于社区动员的联合国志愿者（见图 2）。

ER&DRM 单位将与国家及当地对口机构互动，制定灾后重建及减少灾害风险计划，将这些计划的实施承包给当地合作伙伴，并发放、管理资金。它将根据计划需求调动资源，并协调捐助方，保证联合国开发计划署（UNDP）在这些地区的倡议获得财政支持。它将负责联络国内外专家和顾问，并与其订立服务合同，以提供地震恢复及重建的专业服务。此外，它将根据需要向中国政府及其机构提供能力建设支持，可能包括技术援助、专业服务、信息技术以及协调支持。关于 ER&DRM 单位的构成、角色作用以及责任等细节内容参见附 IV。

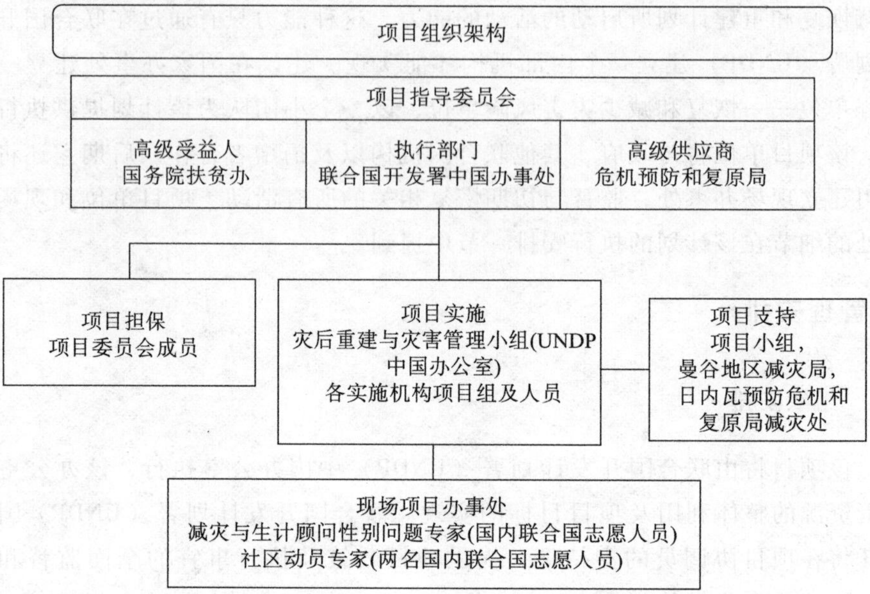

图 2

根据业务需要，联合国开发计划署（UNDP）将在稍后阶段考虑设立一个灾区现场办公室。现场单位将向执行机构提供支持，并与现场的其他联合国机构配合行动。现场单位在整个项目期内可持续发挥作用。联合国开发计划署（UNDP）还将利用联合国志愿者（UNV）机制，招募国内外联合国志愿人员进驻灾区，支持当地的协调和执行。

项目人员需求可能在接下来的几周或者几个月内发生变化，取决于资金募集情况。由于联合国开发计划署（UNDP）按照相关要求启动灾害风险管理（DRM）计划，它将继续审查员工需求，加强本机构的能力发展。还可能加强以志愿者为基础的推广组来推广恢复和灾害风险管理（DRM）计划。

联合国开发计划署（UNDP）国家办事处信息联络部将提供项目支持，创建信息系统的软硬件。联合国开发计划署（UNDP）将建立信息管理系统，以便有关灾后重建及减少灾害风险的信息流畅通、有效。联合国开发计划署（UNDP）还将特别强调项目应对目标受益人负责。

此项目将尽可能采用商品及服务采购的标准程序。在由于现场特殊实际情况而不可能遵循标准操作程序的任何情形下，可采用特别程序。这将带来人力财政资源的有效利用，以及行政管理、业务运作和后勤服务的统一。联合国开发计划署（UNDP）将支持认定、挑选、征召国家项目工作人员以及项目所需的地方人员或机构。联合国开发计划署（UNDP）国家办事处还将提供财政服务，包括处理交易和支付及编制移交报告。

5.2 协调安排

联合国开发计划署（UNDP）国家办事处将负责就项目政策及实施相关事宜联络并配合外部合作伙伴，包括对口部门与国家机构、其他联合国机构、捐助人以及非政府组织。在适时或必要时，国别主任可以委派项目工作人员进行此类磋商和协调。

虽然工作群系统模式尚未在中国运作，联合国开发计划署（UNDP）作为灾后重建的领先机构，在实施灾后重建计划中负有与所有其他联合国机构和非政府组织配合的特殊职责。联合国开发计划署（UNDP）国家办事处将向从事灾后重建活动的所有执行机构提供必要的后勤和方案支持。它将极力重视与有关的联合国和非政府组织伙伴建立合作伙伴关系，以实施这项计划。

在政府内部，该计划将由国务院扶贫开发领导小组办公室（LGOP）、商务部（MOFCOM）民政部（MOCA）以及科技部（MOST）在国家层次上协调。该计划将向各部委及其省和地方各级机构提供必要的能力建设支持。

国务院扶贫开发领导小组办公室（LGOP）在有关农村规划、减贫及开发的问题上发挥着重要作用。联合国开发计划署（UNDP）国家团队将向国务院扶贫开发领导小组办公室（LGOP）及其他机构以下述方式管理计划提供支持：

- 与合作机构签署谅解备忘录；
- 采购开展该计划所需的服务；
- 支持全面财务管理；
- 支持监测与报告制度。

作为主要的执行机构，国务院扶贫开发领导小组办公室（LGOP）还将确定国家和地方工作小组负责该项目的合作和执行。其他执行合作伙伴如果觉得有必要，也可建立相应设置。

计划团队将从联合国开发计划署（UNDP）预防危机和复原局

（BCPR）（其中包括曼谷地区减灾顾问以及日内瓦预防危机和复原局（BCPR）减灾处）获得技术支持和援助。应要求或需要，联合国开发计划署（UNDP）也可从其全球及当地专家花名册中选定并以短期合同雇用国际或国内专家。

5.3 伙伴关系战略

联合国开发计划署（UNDP）将国务院扶贫开发领导小组办公室（LGOP）作为其重要的协调及执行伙伴。联合国开发计划署（UNDP）将与国务院扶贫开发领导小组办公室（LGOP）协商，与包括国家级各部委和地方层面的政府机构基于其使命和职责及在计划区域的定位开展合作。联合国开发计划署（UNDP）还将与其他的民间组织、技术机构、国际和国内非政府组织、民间社会组织以及私营部门公司合作。这些合作伙伴的挑选原则是通过适当的评估程序了解其作用和能力，并将会确保这些伙伴关系安排不与采购程序相冲突。表 2 为伙伴关系战略图。

表 2　伙伴关系战略——作用和所关注的区域

合作伙伴 所关注的区域	NDRC	LGOP	MOFCOM/CICETE	MOST	MOCA	当地政府	EPB	ACWF	CADF	ACL	NGOs/CSOs
指导委员会	√	√	√					√			
全面协调		√				√					
农村重建计划		√				√					
生计扶持		√	√	√							√
社会心理/法律援助		√						√	√	√	√
环境整治		√	√				√				√
灾害风险管理主流化		√			√	√					√
政策研究		√									
知识管理		√	√					√			

监管机制将由项目指导委员会提供。该委员会将由联合国开发计划署（UNDP）、商务部中国国际经济技术交流中心（MOFCOM/CICETE）和国务院扶贫开发领导小组办公室（LGOP）共同主持。国家发展改革委员会（NDRC）和中华全国妇女联合会（ACWF）也将作为委员会的成员受到邀

请。指导委员会的职责和职能在《职权范围》（附录Ⅳ）中有所说明。所有利益相关方都将获邀参加项目委员会会议。灾后重建及灾害风险管理单位将向项目委员会报告，后者将反过来提供战略政策指导和建议，以确保计划与政府政策一致，并按照计划提议正确实施。

需要明确的是，联合国开发计划署（UNDP）参与该计划的身份并非作为资助机构。在项目的各个阶段，联合国开发计划署（UNDP）将不仅在计划实施方面，而且在资源调动方面寻求与联合国其他机构和非政府组织的合作与伙伴关系。

5.4　直接执行（DEX）模式

直接执行（DEX）模式已经被建议使用于该项目中，因为快速实施和决策是初期恢复计划成分中所必须的。DEX 模式与详尽的项目设计以及良好的机构支持一起，能为满足国家和捐赠者快速作出回应和执行提供有效的机制。另外，这一模式对该计划的国家对项目活动的所有权也不造成影响。

5.5　提供安排及灵活性

提供安排的特征将随着环境变化需要不断调整（例如政府部门和联合国伙伴执行特定活动的许可书；为政府和民间社会提供技术支持和能力构建；通过国际非政府组织、国家和地方非政府组织、私营单位以及其他提供服务）。与政府恢复原则及工作相符，目前项目框架随时间变化为避免重复浪费使用资源，有可能会被进一步调整。根据 DEX 项目实施指导处理不高于分配预算 10% 的修改，大于分配预算 10% 的任何调整将向项目指导委员会报告，由其共同决定。

5.6　资产和装备

联合国开发计划署（UNDP）将对为该项目所购买的不同装备和工具做相互独立的记录。按照联合国开发计划署（UNDP）的规定和条款，使用项目基金购买的装备在项目尾声时正式转交或做其他处理之前都属于联合国开发计划署（UNDP）的财产。项目完成后转交或处理该装备将由项目合作单位和联合国开发计划署（UNDP）共同磋商决定。

6. 督导和评估

联合国开发计划署（UNDP）各级制定和实践督导和评估过程应满足以下目标：

- 确保所有的项目活动都与理事会和执行委员会的相关决定一致；
- 完成该项目文件所设定的预期目标和结果；
- 确保财政支出透明负责，完全符合项目文件的精神。

项目审查和评估：联合国开发计划署（UNDP）将利用独立评估组来督导和评估该计划中所包含的所有活动。独立评估组会就初期恢复措施的效果向项目办提供建议，并推荐加强影响的改进措施。作为整体要求的一部分，联合国开发计划署（UNDP）还将准备项目实施成果的综合报告。

一个整体的督导框架将确保有效的利益相关者（联合国开发计划署（UNDP）、政府、民间社会、团体以及捐赠者）督导计划中所支持的项目、进行现场督导、定期报告以及财政支出跟踪。初期恢复督导框架的目的是确保实现以下目标：

- 结果导向：确保对项目效能的适当测量和评估，从而更有效地改善效能，完成结果。
- 质量保证：通过外部质量督导确保项目活动质量，确保利益相关者获得最大的利益，通过督导项目服务和确定正确行动所需解决的问题，确保其他的援助尽早提供。
- 负责制：通过重点强调财政审查来确保项目资源使用问责制，并确定资金是为完成项目成果而被正确合理使用，确保执行人有足够的控制机制表明资金被正确使用。
- 透明度：确保项目活动、资金以及结果对所有利益相关者的透明度。
- 学习：确保项目有为改进执行过程和指导新措施的目的而学习的机制，指出与震后恢复相关的项目执行过程中所吸取的教训和成功故事，以反馈在联合国开发计划署（UNDP）、政府和发展合作伙伴计划和执行过程中。

6.1　财务督导

该计划的财政资源将通过各级的一系列控制进行管理。所有的财政交易都将通过联合国开发计划署（UNDP）ATLAS 机构资源计划系统进行督导、记录、分析和报告。通过批准的计划预算和支出将在计划区公布，同时也在联合国开发计划署（UNDP）的网站上公布。

执行合作伙伴和供应商或者责任伙伴实施项目所需的经费将由联合国开发计划署（UNDP）提供。经费支付将按照与执行伙伴签订的伙伴协议上明确的付款时间表进行。付款时间表与协议时间和成果相联系。

执行伙伴通过联合国开发计划署（UNDP）的 ER & DRM 小组开展督导。如果有必要，联合国开发计划署（UNDP）可能会依靠外部督导人员来评估计划的实施情况。如 ER & DRM 项目小组成员或现场工作人员确认活动服务和成果违反了协议的时间表，将就具体事件开展审查并重新确定合作伙伴是否具备适当的控制机制。接受联合国开发计划署（UNDP）基金的所有伙伴和契约者都要受来自联合国开发计划署（UNDP）计划支持组的督导，包括作为财务督导者的资格审计师。财务督导包括：

- 根据协议计划预算督导和审查执行伙伴财政报告，以确保支出的公平性；
- 确认财政信息的准确性和完整性，包括审查支持文件和检查支出细节；
- 要求澄清相关信息或索取更多信息以确认和证明支出；
- 按照联合国开发计划署（UNDP）的标准，对执行伙伴和契约者就提高财务管理的必要措施给予意见和技术支持；
- 执行伙伴所付的费用如果不符合协议的支出或者没有足够的细则或文件证明其支出的话，联合国开发计划署（UNDP）可以拒绝支付相关款项。

6.2　审计和评估

该计划将按照联合国开发计划署（UNDP）直接执行计划的相关规定和条款进行审计。外部审计和评估将按照下列计划执行这些活动（见表3）。

表 3 审计与评估

编号	事件	描述	时间表
1	现场执行督导	执行伙伴和受让人持续对现场执行进行督导，包括现场确认、进度审查报告以及财政支出分析	正在进行/持续的
1	季度审查	指导委员会季度会议审查进度、解决问题、提供计划和政策指导	季度
2	中期评估	中期评估结果框架中明确指出的计划进度并提供意见	计划完成 50%
3	最终计划评估	最终计划评估，以评估结果框架中明确列出的项目结果的完成情况，记录经验教训	计划完成 100%
4	审计	按照联合国开发计划署（UNDP）和政府相关规定进行年度审计	每年

法律环境

该项目文件将成为中华人民共和国政府和联合国开发计划署（UNDP）之间签订的标准基础协议（SBAA）中条款 1 的所指内容，该协议由双方于 1979 年 6 月 29 日签订。所指的“执行伙伴”是指 SBAA 中所使用的执行机构。

以下的修改类型只能由联合国开发计划署（UNDP）国别主任签名之后，才能写入该项目文件，只要他或她确保该项目文件的其他签名人对所做的改动不反对即可：

a. 对项目文件附录的任何修改或添加。

b. 由协议投入进行重新安排或者由于通货膨胀导致成本增加而引起的重大改变项目的当前目标、成果和活动的改动。

c. 年度例行改动，改述协议投入或增加专家或由于通货膨胀导致其他成本增加或者将机构支出灵活度纳入到考虑范围。

该项目根据联合国开发计划署（UNDP）的规定和程序进行审计。

表 4

项目成果与资源框架

国家成果框架列出的预期成果：

项目成果：

成果 1：通过各种手段和能力建设，加强贫困乡村的整体灾后重建工作。

成果 2：支持将灾害应对管理纳入可持续发展和长期减贫扶贫工作。

成果 3：为支持民间社会参与千年发展目标的实施创建有利环境。

适用的支持战略领域：获得生产资源和资产。

合作伙伴战略：鉴于其共同担负着以农村地区为重点的减贫使命，联合国开发计划署（UNDP）建议与国务院扶贫开发领导小组办公室（LGOP）进行合作。此外，联合国开发计划署还提议同非政府组织和民间社会组织与社区开展合作。

项目名称与编号：灾后重建暨灾害风险管理计划

预期成果	项目编号	活动描述	领导协调机构	合作机构	资金来源	描述	账目	数量	2008 年	2009 年	2010 年
成果 1：通过提供技术援助并引入国际最佳实践，支持最贫困乡村的影响评估以及以社区为基础的农村全面重建计划进程。	1. 1	进行地震影响及其与地区贫困的关系的评估。	LGOP		TRAC3 /BCPR	国际和国内顾问	71300	50000	15000	20000	15000
						补助机构：非政府组织和民间社会组织	71300	50000	10000	25000	15000
	1. 2	通过参与式方法，支持编写全面重建计划，鼓励人们参与计划，在计划中涵盖妇女所关切的问题。	LGOP		TRAC3 /BCPR	监督与评估	72600	250000	100000	100000	50000
						通过竞标采购商品和服务		20000	5000	10000	5000
	1. 3	提供针对地方政府官员的培训和技术援助并在整个地区的农村综合规划中普及国际最佳实践。	LGOP		TRAC3 /BCPR	差旅费					
						小计					

续表

预期成果	项目编号	活动描述	领导协调机构	合作机构	资金来源	描述	账目	数量	2008 年	2009 年	2010 年
	1.4	为抗震建筑技术的应用和普及提供技术援助，为恢复和重建计划引进质量标准。	LGOP		TRAC3/BCPR		72100	100000	50000	30000	20000
							71600	10000	3000	5000	2000
								480000	183000	190000	107000
成果 2：向受灾最严重人口和弱势群体提供生计援助，帮助他们重建并从地震影响中恢复。	2.1	提供少量原材料和工具包捐赠，以重振生计，尤其是少数族裔的传统生计。	LGOP		TRAC3/BCPR	国际和国内顾问	71300	50000	15000	20000	15000
						补助机构：非政府组织和民间社会组织	71300	50000	10000	25000	15000
	2.2	提供生计培训计划，尤其针对妇女。	LGOP	ACWF	TRAC3/BCPR	监督与评估	72600	580000	150000	280000	150000
	2.3	确认地方重建过程中的需求，并会同地方当局和技术院校组织技能培训。	LGOP	MOST	TRAC3/BCPR	通过竞标采购货物和服务 差旅费		25000	10000	10000	5000
	2.4	支持农民恢复其农业经营，包括农业加工或其他农业综合经营技能培训以及咨询和投入，以在目前的情形下重新启动农业生产。	LGOP	MOST	TRAC3/BCPR	小计	72100	200000	100000	50000	50000
							71600	50000	15000	25000	10000
								955000	300000	410000	245000

续表

预期成果	项目编号	活动描述	领导协调机构	合作机构	资金来源	描述	账目	数量	2008 年	2009 年	2010 年
成果3：向受灾最严重人口尤其是弱势群体提供社会心理及法律支持，使其参与恢复及重建进程。	3.1	通过现有的法律援助中心和法律援助宣传活动，提供法律援助。	LGOP	CLS	TRAC3/BCPR	国际和国内顾问	71300	50000	15000	20000	15000
						资助机构：非政府组织和民间社会组织	71300	25000	5000	15000	5000
	3.2	建立辅导中心和流动辅导小组，与法律援助中心联系与合作。	LGOP	ACWF	TRAC3/BCPR	监督与评估	72600	300000	100000	150000	50000
	3.3	通过认定并配备一批合格的辅导员，来制定一个辅导计划。	LGOP	ACWF	TRAC3/BCPR	通过竞标采购货物和服务		25000	10000	10000	5000
	3.4	提供基本服务，援助诸如老人和残疾人等弱势群体	LGOP	CADF	TRAC3/BCPR	差旅费 小计	72100	50000	15000	25000	10000
	3.5	制作传单、小册子、指导文件等，开展知识共享和宣传活动。	LGOP	CLS ACWF	TRAC3/BCPR		71600	25000	10000	10000	5000
								475000	155000	230000	90000
成果4：基于可再生能源利用以及当地自然资源管理的以社区为基础的能源环境规划方法，使安置社区获得清洁及改善的居住条件。	4.1	废弃物处理：清除安置点的废弃物，并以不对社区产生污染影响的方式处置瓦砾和废物。	LGOP	EPB	TRAC3/BCPR	国际和国内顾问	71300	25000	10000	10000	5000
						资助机构：非政府组织和民间社会组织	71300	25000	5000	15000	5000

续表

预期成果	项目编号	活动描述	领导协调机构	合作机构	资金来源	描述	账目	数量	2008 年	2009 年	2010 年
	4.2	安置点植被覆盖：支持社区和家园绿化，改善安置点的植被覆盖。	LGOP	EPB	TRAC3/BCPR	监督与评估 通过竞标采购货物和服务	72600	300000	100000	150000	50000
	4.3	自然资源管理：通过加固堤岸、清理河床，改善水补给和水储存效能，恢复这些安置点的现有水体。	LGOP	EPB	TRAC3/BCPR	差旅费 小计		25000	10000	10000	5000
	4.4	可再生能源利用：在所有这些乡村安装太阳能/其他可再生能源设施，并为所有过渡性安置房提供电力接入，使新定居点得到更清洁和更便宜的能源。	LGOP	EPB	TRAC3/BCPR		72100	80000	30000	40000	10000
	4.5	环保教育和环保意识。	LGOP	EPB	TRAC3/BCPR		71600	10000	3000	5000	2000
								475000	161000	235000	79000
成果 5：通过提供能力建设及知识共享技术援助，在其他领域开展以社区为基础的灾害风险管理。	5.1	支持地方政府的灾害管理能力建设，将减灾纳入所有部门主流视角。	LGOP	MOCA	TRAC3/BCPR	国际和国内顾问	71300	25000	10000	10000	5000
						资助机构：非政府组织和民间社会组织	71300	25000	5000	15000	5000

续表

预期成果	项目编号	活动描述	领导协调机构	合作机构	资金来源	描述	账目	数量	2008年	2009年	2010年
	5.2	制定一个社区层次的灾害管理计划和减灾战略、风险评估计划、多重灾害早期预警系统。	LGOP	MOCA	TRAC3/BCPR	监督与评估	72600	300000	100000	150000	50000
						通过竞标采购货物和服务		25000	10000	10000	5000
	5.3	支持指导和制定将灾害预防、应对和减灾融入减贫的机制。	LGOP	MOCA	TRAC3/BCPR	差旅费	72100	90000	30000	50000	10000
						小计	71600	10000	3000	5000	2000
								475000	158000	240000	77000
成果6：研究、整理并传播最佳实践和知识，并强化内部能力。	6.1	开展扶贫与救灾减灾相结合的政策比较研究，为中国提供国外成功经验。	LGOP			国际和国内顾问	71300	50000	15000	20000	15000
	6.2	组织知识管理活动，诸如国家、省和地方各级讲习班，以灾后恢复与重建以及降低脆弱性为主题，出版准则、指南和小册子。	LGOP			资助机构：非政府组织和民间社会组织 监督与评估	71300	50000	15000	20000	15000
						通过竞标采购货物和服务 差旅费	72600	300000	100000	150000	50000
	6.3	组织知识管理活动，诸如国家、省和地方各级讲习班。	LGOP	MOFCOM/CICETE MOCA	TRAC3/BCPR	小计		25000	5000	15000	5000

续表

预期成果	项目编号	活动描述	领导协调机构	合作机构	资金来源	描述	账目	数量	2008 年	2009 年	2010 年
项目实施支持/能力		在联合国开发计划署内部强化能力：建立项目小组、现场办事处、协调与信息管理支持、知识管理支持等等。	UNDP		TRAC3/BCPR		72100	25000	10000	10000	5000
							71600	25000	10000	10000	5000
								475000	155000	225000	95000
						总供给量		3335000	1112000	1530000	693000
						GMS（5%）		165000	55000	76000	34000
						总计		3500000	1167000	1606000	727000

风险日志

编号	类型	指定日期／作者	描述	评论	状态	所有者
1	物理/环境	计划制定	在现场影响计划执行的余震和其他自然灾害。	与合作伙伴磋商准备和实施备灾和灾害应对计划，统一融合到重建计划中。	可以分解至项目执行。	联合国开发计划署项目文件（UNDP）
2	机构	计划制定	联合国开发计划署（UNDP）和执行伙伴的能力有限，阻碍了恢复和重建速度。	通过建立联合国开发计划署（UNDP）恢复和灾害管理小组，建立专家或咨询人员列表，不断加强内部能力。	可以分解至项目制定。	联合国开发计划署（UNDP）

续表

编号	类型	指定日期／作者	描述	评论	状态	所有者
3	政治/外部	计划制定	项目执行过程中政府所做的限制。	利用国务院扶贫开发领导小组办公室（LGOP）将重点放在贫困山区的现有计划执行模式解决这些问题。	可以分解入项目制定并通过定期会议进行督导。	联合国开发计划署项目文件（UNDP）
4	经济	计划制定	当地合作伙伴和机构因资金不足或相关规定导致资金利用率低。	该项目将依靠国际、国内以及地方合作伙伴或机构分别执行相应部分。	可以分解入项目执行。	联合国开发计划署项目文件（UNDP）

附 I

国务院扶贫开发领导小组办公室（LGOP）在震后重建中的角色和责任

2008 年 7 月 1 日

国务院扶贫开发领导小组办公室（LGOP）提供，联合国开发计划署驻华代表处（UNDP）翻译

1. LGOP 参与到灾后重建是党和国家领导人指示的具体执行。

2008 年 6 月 13 日，国家主席胡锦涛指出：灾区重建需要与社会主义新农村建设和减少贫困相结合，尊重当地农民意愿，强调政府必要补贴支持的参与性重建的角色作用，强调社会援助对改善农村地区生活水平的作用，促进和制造农村社会经济长期持续发展机会。

从 6 月 20 日到 22 日，国家总理温家宝在前往陕西和甘肃等灾区时也强调指出：将重建工作与减少贫困相结合，加强对地震贫困灾区的支持，从根本上改变他们的生活水平，促进当地社会经济的发展。

5 月 29 日中午，LGOP 主任范小建向副总理回良玉报告了 LGOP 在重建第一阶段完成的首要工作。副总理回答说 LGOP 需要立即采取行动，加快制定重建计划，尤其是受地震影响的贫困地区。该计划完成后需要向国务院抗震救灾总指挥部提交。

2. LGOP 参与灾后重建的角色完全遵守相关规定

2008 年 6 月 6 日，国务院执行办公室发表声明。声明称：农村建设和计划、人民居住地区地点和规模议案、农村道路、水电供应设施、废物处理等问题的议案，以及农村基础设施建设议案等都是国家建设部、农业部、LGOP 和交通部的共同责任。甘肃、四川和陕西省级政府领导其他相关部门共同执行计划。以上提到的所有议案需要在 2008 年 7 月 20 日前完成。

3. LGOP 参与灾后重建的角色得到相关政府部门和省的支持和认可

2008 年 6 月 24 日，LGOP 主任范小建同国家发改委副主任穆虹先生进行会谈。穆虹先生在发改委中负责灾后计划和重建工作。穆虹明确表示认同 LGOP 参与到灾后重建中来。他还要求 LGOP 继续制定贫困灾区重建计划

工作。

同一天，财政部副部长廖晓军致电范小建，指出减少贫困需要同重建相结合，贫困灾区的重建计划及其执行需要得到保障。

同时，四川、甘肃和陕西当地 LGOP 办公室也积极快速地参与到各自的重建工作中。在 LGOP 的共同努力下，震后灾区重建总体规划已经制定出来，并已经在某些贫困山村开始试点。目前，这方面的工作正在进行，灾后贫困地区重建计划将很快完成。另外，这三地的 LGOP 办公室的工作得到当地省级政府和党组织支持和认可。

4. 参加灾后重建是 LGOP 的责任

村庄（这里指的是行政村庄）是中国最基本的行政单位，也是农村重建和恢复的基础，同时也是社会经济共同发展的起点。贫困村庄基础设施水平低下，防御灾害破坏能力差。因此，它们常受到灾害的严重破坏，并且很难恢复，比富裕地区需时更长。由于这些特征，贫困村庄将成为灾后重建的重点，同时也是难点。但是，贫困村庄的恢复直接影响到灾后恢复的总体计划，同时也是国家 3 年灾后重建计划真正得到实现的关键。另外，它还与从 2001 年到 2010 年《国家减少贫困发展计划》的完成有关。

LGOP 将利用，通过如全村进度和参与式减少贫困模式等方法获得的农村消灭贫困的经验，制定综合重建计划，尤其是对个别贫困灾区的贫困村。该计划将成为连接农村建设、机构建设以及减少贫困的结合点，通过互相努力，共同协作，加强贫困村庄的整体重建工作。

总之，贫困村庄是减少贫困和发展工作的重心。贫困村庄的重建是 LGOP 通过计划满足贫困人民实际需要以提高人民根本利益的真正参与点。因此，在重建过程中，贫困村庄也是再适合不过的工作地点。贫困村庄重建计划的制定和实施丰富了减少贫困和发展中国的内容，通过积极探索带来创造性经验。它的执行无疑将使独具社会主义特色的中国减贫理论和实践更加多样化。

5. LGOP 贫困村庄重建计划的制定和实施将推进与其他相关政府部门的积极合作

附Ⅱ

灾后重建暨灾害风险管理

早期恢复和灾害风险管理——试点村庄目录

国务院扶贫开发领导小组（LGOP）办公室提供

四川省（10）

德阳市旌阳区柏隆镇清河村

中江县集凤镇云梯村

富兴镇光明村

罗江县略坪镇前龙村

绵阳市北川县擂鼓镇胜利村

安县迎新乡大溪村

游仙区白蝉乡陡嘴子村

广元市青川县木鱼镇木鱼村

剑阁县彰武镇建林（音）村

利州区三堆镇马口村

陕西省（4）

略阳县马蹄湾乡马蹄湾村

徐家平乡秦家坝（音）村

宁强县广平镇骆家嘴村

安乐河乡紫竹沟村

甘肃省（5）

文县中庙乡肖家坝村

武都县汉林乡唐平村

康县长坝镇付坝村

澄县金丰乡盘山村（音）

甘南自治州舟曲县铁坝乡茶坪村

选定的原则（见表5）：

表 5　　试点村庄（四川）及选定的标准

编号	村庄	省	临近城市/县	贫穷		地形			损失（倒塌房屋的比例）			少数民族
				扶贫目标地区	地震后返贫	山地	丘陵	平原	> 70%	30% ~ 70%	< 30%	
1	清河	四川	德阳		√			√	√			
2	云梯	四川	德阳	√			√				√	
3	光明	四川	德阳	√			√			√		
4	前龙	四川	德阳	√			√		√			
5	胜利	四川	绵阳	√		√			√			√
6	大溪	四川	绵阳	√				√	√			
7	陡嘴子	四川	绵阳	√			√		√			
8	木鱼	四川	广元	√		√			√			
9	嘉陵	四川	广元	√			√			√		
10	马口	四川	广元	√		√					√	

- 重点贫困村或者震后返贫；
- 在原址重建；
- 交通相对便利；
- 农村住房建设试点；
- 有基本的领导体制。

附Ⅲ

联合国开发计划署（UNDP）中国发展计划工作任务书

早期恢复和灾害风险管理项目指导委员会
灾后重建暨灾害风险管理计划

项目指导委员会是为项目实施活动提供全面指导的一个制度化机构。中国政府和联合国开发计划署（UNDP）在签订项目文件之后将建立项目指导委员会。一旦成立了项目管理办公室并且准备了第一年运行的工作计划，项目指导委员会将召开第一次会议。此后，项目指导委员会将每3个月召开一次会议，以根据季度报告审查进展情况。

虽然项目指导委员会将拥有决策权力和顾问的职能，但它不改变项目的目标或者成果构成。项目指导委员会可以改变项目活动和/或执行安排，包括合同的安排（确保依据正当的程序），但是仅当拥有明确系统项目产出指标的证据（根据进展报告和适应性管理成果）表明项目活动未能交付项目成果，或者转包合同未能遵守其《职权范围》的义务的情况下才可以。

联合国开发计划署（UNDP）重建和减灾项目协调员将作为项目指导委员会的秘书。

项目指导委员会由联合国开发计划署（UNDP）、商务部/中国国际经济技术交流中心（MOFCOM/CICETE）和国务院扶贫开发领导小组办公室（LGOP）联合主持，项目指导委员会的成员将由来自下列机构的一个司局级领导构成：

1. 联合国开发计划署（UNDP）；
2. 商务部（MOFCOM）/中国国际经济技术交流中心（CICETE）；
3. 国务院扶贫开发领导小组办公室（LGOP）；
4. 国家发展改革委员会（NDRC）；
5. 中华全国妇女联合会（ACWF）。

项目指导委员会作为一个完整机构的职责和独立会员的职责是：

- 支持计划活动的整体进展；
- 为计划执行提供关键的政策指导和战略方针；

- 确保项目活动和成果必要地纳入国家计划、政策和行动；
- 每年对计划及其组成部分的进展情况进行审查和评估；
- 每年对计划及其活动的工作计划与预算更新情况进行审查和批准；
- 对任何提议的调整和修订提供决策；
- 在利益相关方中间促使建立跨部门合作伙伴关系并支持互动；
- 在联合国开发计划署（UNDP）资助周期之外，继续寻求其他的资金来支持项目的结果和活动；而且
- 在项目指导委员会成员和其他的利益相关方中间开展项目宣传并鼓励推广最佳做法。

将来，随着新的合作伙伴的参与及资金的投入，项目指导委员会的会员资格和职责可以根据情况进行适当的调整。

附Ⅳ

联合国开发计划署（UNDP）中国发展计划工作任务书

——早期恢复和灾害风险管理小组

灾后重建暨灾害风险管理小组

背景

2008 年 5 月 12 日，一场里氏 8.0 级的大地震重创了距离四川省会成都市西北大约 92 公里的阿坝州汶川县。地震毁坏了 8 个省份：四川（最为严重的）、甘肃、陕西、重庆、云南、贵州和湖北。

根据最新报道，地震造成 69122 人丧生，同时有 373606 人受伤，17991 人失踪。共有 4561 万人受到影响，包括撤离家园的 1500 万人，其中有 500 万人正居住在临时安置房内。中国政府商务部（MOFCOM）已经宣布，由于此次地震，生活水准低于贫困线的人口新增了 1000 万人。

中国近年来从未经历过如此大范围的地震。虽然中国政府已经利用大量资源来挽救人民生命财产，为他们提供必须的救助和恢复援助，由于这次灾难的规模，仍需要来自国内的援助人民重建生活和重新发展当地经济的重大力量。中国政府同时也欢迎对恢复和重建计划的国际援助。

联合国开发计划署（UNDP）参与地震救灾和恢复重建

联合国系统驻华机构对已经发生的人类灾难迅速做出回应。中央应急反应基金（CERF）提供了 800 万美元的善款捐助，联合国机构已经支持了很多救灾活动，包括帐篷和棉被、分发食物、饮用水以及药品，以及很多除食物以外的必需品。联合国开发计划署（UNDP）接收到中央应急反应基金（CERF）的 200 万美元捐助，大部分用于临时住处的搭建。

联合国开发计划署（UNDP）在制定恢复和重建计划中起到了领导作用。它准备了大量与住处、生计和环境等部门相关的议案，将在未来 6 个月内执行。这些部门活动将有助于当地政府和其他执行机构以一种技术上和环境上都安全稳妥的方式策划和执行恢复和重建计划。这些活动将为一个公正合理的恢复和重建计划打下坚实基础，证明该地区的最佳实践。

联合国开发计划署（UNDP）计划长期支持中国政府的重建工作。它将与国务院扶贫开发领导小组办公室（LGOP）建立合作伙伴关系，共同制定以灾区贫困山村为重点的恢复计划。联合国开发计划署（UNDP）还在进行国际研讨会的组织工作，这将展示很多受到类似自然灾害破坏的其他国家灾后恢复和重建的最佳实践。

联合国开发计划署（UNDP）愿意支持中国政府共同策划减少灾害风险计划。虽然已经执行了几个灾害风险管理（DRM）工程，但是鉴于中国对自然灾害风险的高曝露性，这些干预措施规模太小。联合国开发计划署（UNDP）将增加对政府灾害风险管理（DRM）计划的支持，并在地震恢复过程中进行其他几项工程，还将充分运用减少贫困计划中学到的教训，尤其是参与性计划、能量有效性以及法律保护等。

联合国开发计划署（UNDP）将持续为该地区内的恢复和重建以及灾害风险管理计划所策划的干预行动提供资源。它将积极地与捐赠者合作，从他们的信任基金中寻求资源，并向私营单位寻求更多能力构建活动支持。它还将对四川省以及其他地区的现有干预措施进行重新策划，使得地震受害者尽可能多地得到援助。联合国开发计划署（UNDP）还将与联合国机构、非政府组织、公民社会组织寻求合作伙伴关系，以制定更为平等的议程，参与恢复和重建过程。

在联合国开发计划署（UNDP）国家办事处建立灾后重建暨灾害风险管理小组

鉴于联合国开发计划署（UNDP）将长期从事于四川省地震恢复工作，联合国开发计划署（UNDP）国家办事处计划在灾区现场建立灾后重建暨灾害风险管理小组（ER & DRM）。ER & DRM 小组将作为国家办事处的专业技术和项目管理单位开展工作，它将支持解决涉及灾后社会和经济恢复以及减少自然灾害风险等问题。

角色和责任

ER & DRM 小组将负责执行联合国开发计划署（UNDP）恢复计划的干预措施。除此之外，它还将与民政部（MCA）合作执行长期灾害风险管理计划。其角色和责任将包括以下活动：

- 与国内和地方上其他机构互动，建立恢复和减少灾害风险计划，与当地合作伙伴签订执行这些计划的契约，发放和管理资金。
- 按照计划需要调动资源，与捐赠者合作确保联合国开发计划署（UNDP）在相关领域的支持。
- 确认专家和咨询人员，既包括国内也包括国际专家；签订合同由他们提供地震恢复和重建的专业化服务。
- 按照要求对中国政府及其机构提供能力构建支持，可能包括技术支持、专业化服务、信息技术及合作支持等。
- 与重要的利益相关者建立伙伴关系，例如国际红十字会、中国红十字会以及其他人道主义组织，共同执行地震恢复计划。
- 与当地的合作伙伴共同加强公民社会组织，鼓励人们参与到恢复和重建计划中来。
- 通过与其他联合国开发计划署（UNDP）在该区域内的国家办事处合作，说明该地区恢复、重建和减少灾难风险计划的国际最佳实践。
- 与其他联合国机构合作共同执行地震恢复计划，支持现场协调员办事处介绍联合国的应对措施。
- 利用国家办事处现有恢复和重建的计划和措施补充其他计划工作，提倡在制定计划过程中运用灾害风险管理（DRM）。
- 与中国政府和其他机构合作共同发展灾害风险管理新项目，并为减少灾害风险长期执行这些项目。
- 与联合国开发计划署（UNDP）危机预防和复原局（BCPR）建立较强的合作伙伴关系，以获得与恢复和减少灾害风险计划相关的基础支持和指导。
- 与联合国人道主义事务协调办公室（UN－OCHA）和联合国国际减灾战略秘书处（UN ISDR）及其区域办事处建立关系，共同发展减少灾害风险专题领域，促进兵库行动框架（HFA）的执行。
- 发展中国灾害风险管理实践，组织知识管理相关的活动和论坛。
- 准备进度报告，进行分析评论，支持联合国开发计划署（UNDP）支持下的计划的评估。
- 就计划制定和执行等各方面问题给高层管理人员提供意见。

灾后重建暨灾害风险管理（ER & DRM）小组构成：ER & DRM 将包括

以下人员：

a. 1 位国内项目协调员；

b. 1 位国内减灾顾问；

c. 1 位国内生计和性别问题专家；

d. 2 位全国社区动员专家，以及

e. 1 位项目协理。

a. 计划协调员（团队领导，NOC）：在副国别主任的监督下，计划协调员作为在四川地震恢复和重建计划各个方面和灾害风险管理（DRM）中国项目的高层管理者和顾问。他/她的主要作用是作为单位领导管理单位计划，包括持续督导执行过程。他/她将在战略计划中指导计划小组工作，确定新的计划领域，同时确保国家合作框架/联合国发展援助框架（CCF/UNDAF）和国家办事处确定的其他首要措施之间的一致性。他/她将对地震恢复和重建计划所指出的正在形成的挑战和机会作出创造性回应。

以北京为基地，计划协调员指导并监督单位内的计划小组，并与联合国开发计划署（UNDP）国家办事处内其他计划单位和操作小组、联合国机构和国际组织的灾难负责机构、联合国开发计划署（UNDP）总部员工和中国政府官员、技术顾问以及联合国开发计划署危机预防和复原局（BCPR）的专家、联合国开发计划署（UNDP）、联合国人道主义事务协调办公室（OCHA）、多边和双边捐赠者以及民间社会等密切合作。

b. 减灾和生计顾问（DRLA，NOB）：在计划协调员的监督下，减灾和生计顾问（DRLA）将支持灾害风险减少项目档案文件的制定，为联合国开发计划署（UNDP）支持的灾害风险减少项目提供技术和管理支持。他/她将审查这些项目的目标、工作优先顺序以及结果，对高层管理和计划协调员的灾害风险减少问题作出提要。

以现场为基础，他/她将促进地震恢复和重建计划的执行，促进与灾害风险减少实践建立团体关系。还将与利益相关者共同明确受益人、选择适合个人需求和技术的活动、与财政机构联系、促进他们的定位/商业发展，以及为他们全面恢复提供桥梁支持。在联合国开发计划署（UNDP）内，减灾和生计顾问（DRLA）将从国家办事处和曼谷减少灾害区域小组寻求技术指导。

c. 性别问题专家（短期至长期顾问）：在计划协调员和减灾生计顾问

（DRLA）的监督下，性别问题专家将与政府机构、培训机构、非政府组织以及社区合作，共同执行性别平衡的生计计划。他/她将为妇女能够更多地参与到生计计划中而设计活动，解决他们在恢复过程中的特定需要和问题。

在最初的6至12个月内，性别问题专家将在现场办公室工作，支持社区层面性别相关的活动。基于需求及表现，国家办公室将考虑在其内设立一个长期职位以加强性别视角主流化战略。

d. 社区动员专家（2位国内联合国志愿人员）：还要招聘2位国内联合国志愿人员来支持现场的项目执行。在减灾和生计顾问（DRLA）的直接督导下，他们将为地震恢复和重建计划提供技术和计划支持，将重点放在推广沟通和动员以社区为基础的非政府组织、利益群体以及个人。

e. 项目协理：作为ER & DRM小组的一部分，项目协理将以北京为基地，为计划小组提供执行和沟通支持。

小组所有成员将由国家办事处招聘。他们将被聘请一年，可能会持续到下一年，这取决于他们表现的满意度。基于特定专业需求，ER & DRM小组将由国际专家支持。它将得到来自曼谷危机预防和复原局（BCPR）区域减灾顾问的技术支持。